Oliver Pink

Bildbasierte Selbstlokalisierung von Straßenfahrzeugen

Schriftenreihe
Institut für Mess- und Regelungstechnik,
Karlsruher Institut für Technologie

Band 017

Bildbasierte Selbstlokalisierung von Straßenfahrzeugen

von
Oliver Pink

Dissertation, Karlsruher Institut für Technologie
Fakultät für Maschinenbau
Tag der mündlichen Prüfung: 19. November 2010

Impressum

Karlsruher Institut für Technologie (KIT)
KIT Scientific Publishing
Straße am Forum 2
D-76131 Karlsruhe
www.ksp.kit.edu

KIT – Universität des Landes Baden-Württemberg und nationales
Forschungszentrum in der Helmholtz-Gemeinschaft

KIT Scientific Publishing 2011
Print on Demand

ISSN 1613-4214
ISBN 978-3-86644-708-0

Bildbasierte Selbstlokalisierung von Straßenfahrzeugen

Zur Erlangung des akademischen Grades

Doktor der Ingenieurwissenschaften

der Fakultät für Maschinenbau
Karlsruher Institut für Technologie (KIT)

genehmigte

Dissertation

von

DIPL.-ING. OLIVER PINK

Tag der mündlichen Prüfung: 19. November 2010
Hauptreferent: Prof. Dr.-Ing. C. Stiller
Korreferent: Prof. Dr.-Ing. K. Dietmayer

Vorwort

Die vorliegende Dissertation entstand während meiner Tätigkeit am Institut für Mess- und Regelungstechnik des Karlsruher Instituts für Technologie (KIT). Dem Betreuer dieser Arbeit, Herrn Prof. Dr.-Ing. Christoph Stiller, danke ich herzlich für den große Freiraum, den er mir bei der Wahl meines Forschungsthemas gegeben hat, für die Schaffung von ausgezeichneten Rahmenbedingungen und für die fortlaufende Unterstützung meiner wissenschaftlichen Arbeit.

Herrn Prof. Dr.-Ing. Klaus Dietmayer danke ich für die Übernahme des Korreferats und für das Interesse an meiner Arbeit.

Bei meinen Kolleginnen und Kollegen am MRT bedanke ich mich für die offene und angenehme Arbeitsatmosphäre, die große Hilfsbereitschaft, sowie für zahlreiche spannende Diskussionen in den Kaffeerunden und auf den Sommerseminaren. Besonders bedanken möchte ich mich bei Herrn Dr. Jan Horbach und Herrn Dr. Andreas Kapp für die Unterstützung zu meiner Anfangszeit am MRT sowie bei den Herren Julius Ziegler, Holger Rapp, Stefan Hensel und Carsten Hasberg für die mühevolle Arbeit des Korrekturlesens und für die zahlreichen konstruktiven Hinweise zu meiner Arbeit. Nicht zuletzt gilt mein Dank auch dem Sekretariat für die Unterstützung bei allen Verwaltungsaufgaben sowie den Mitarbeitern der Werkstätten und Herrn Werner Paal, auf die bei technischen Problemen jederzeit Verlass war.

Ebenfalls bedanken möchte ich mich bei Herrn Dr. Sören Kammel und Herrn Prof. Sebastian Thrun für die Einladung zu einem spannenden Forschungsaufenthalt in Kalifornien sowie beim Karlsruhe House of Young Scientists für die Förderung dieses Aufenthalts. Mein Dank gilt auch allen Kolleginnen und Kollegen der Karlsruhe School of Optics and Photonics und des Sonderforschungsbereichs „Kognitive Automobile" sowie der Deutschen Forschungsgemeinschaft für die Unterstützung dieser Aktivitäten. Besonders bedanken möchte ich mich bei den Mitgliedern des Teams „AnnieWAY" und des „ValleyRally" Teams für die gemeinsamen Erfolge und für eine unvergessliche Zeit.

Mein ganz besonderer Dank gilt meiner Familie und Annika Utz, die mit ihrer Unterstützung maßgeblich zum Gelingen dieser Arbeit beigetragen haben.

Karlsruhe, im November 2010   Oliver Pink

Kurzfassung

Die zuverlässige Bestimmung der eigenen Fahrzeugposition ist eine wichtige Voraussetzung für viele moderne Fahrerassistenzsysteme. Mit gestiegenen Anforderungen an die Lokalisierungsgenauigkeit stoßen herkömmliche satellitenbasierte Lokalisierungssysteme zunehmend an ihre Grenzen. Eine vielversprechende und kostengünstige Alternative stellen bildbasierte Verfahren zur Fahrzeuglokalisierung dar.

Herkömmliche Verfahren zur landmarkenbasierten Lokalisierung sind für den Einsatz in Straßenfahrzeugen jedoch nur eingeschränkt geeignet, da Straßenszenen häufig sehr regelmäßig strukturiert sind und mit wachsender Größe des Lokalisierungsgebiets sowohl der Rechenaufwand als auch der Speicherbedarf und Erstellungsaufwand der Landmarkenkarte rasch ansteigen.

In dieser Arbeit wird ein System zur bildbasierten Lokalisierung für den Einsatz in Straßenfahrzeugen vorgestellt. Das System umfasst ein Verfahren zur Extraktion von Landmarken aus Luftbildern, das die Kartenerstellung mit geringem Aufwand ermöglicht, sowie ein Verfahren zur Bestimmung der Landmarken aus Bildern einer Stereokamera im Fahrzeug. Zur anschließenden Herstellung von Korrespondenzen und zur Lokalisierung anhand dieser Korrespondenzen werden robuste Verfahren verwendet, die den Einsatz des Systems in Straßenfahrzeugen ermöglichen. Schließlich wird ein System zur rekursiven Zustandsschätzung vorgestellt, das sich an der Kinematik von Straßenfahrzeugen orientiert. Die Praxistauglichkeit des resultierenden Systems zur bildbasierten Lokalisierung wird an Beispielen mit realen Bildaufnahmen demonstriert.

Schlagworte: Fahrzeuglokalisierung – Landmarkenerkennung – Kartenerstellung – Bildverarbeitung

Abstract

The reliable determination of a vehicle's own position is an important prerequisite for many modern driver assistance systems. With the increasing demand for location accuracy, conventional satellite-based location systems are increasingly reaching their limits. A promising and inexpensive alternative are image-based methods for vehicle localization.

However, conventional methods for landmark-based localization have only limited use for road vehicles, as road scenes are often structured very regularly, and with increasing size of the localization area the computational complexity as well as the memory requirements and effort for map generation increase rapidly.

In this thesis a system for image-based localization for use in road vehicles is presented. The system includes a process for the extraction of landmarks from aerial photographs, which allows map generation with little effort, and a method for the determination of landmarks from images of a stereo camera rig in the vehicle. For the subsequent correspondence search and the localization based on these correspondences robust methods are used that enable the system to be employed in road vehicles. Finally, a system for recursive state estimation is presented that is based on the kinematics of road vehicles. The practicability of the resulting system for image-based localization is demonstrated by examples with real images.

Keywords: Vehicle Localization – Landmark Detection – Map Generation – Image Processing

Inhaltsverzeichnis

Symbolverzeichnis

Abkürzungen

2D/3D	zwei-/dreidimensional
AUC	*engl.* Area Under Curve
BLoG	*engl.* Bilevel Laplacian of Gaussian
CenSurE	*engl.* Center Surround Extrema
DoB	*engl.* Difference of Boxes
DoH	*engl.* Determinant of Hessian
GLOH	*engl.* Gradient Location and Orientation Histogram
GPS	*engl.* Global Positioning System
HSV	*engl.* Hue, Saturation, Value (Farbraum)
ICP	*engl.* Iterative Closest Point
IMM	*engl.* Interacting Multiple Model
IMU	*engl.* Inertial Measurement Unit
INS	*engl.* Inertial Navigation System
JPDA	*engl.* Joint Probabilistic Data Association
LAD	*engl.* Least Absolute Deviations
LoG	*engl.* Laplacian of Gaussian
LS	*engl.* Least Squares
MSAC	*engl.* M-Estimator Sample Consensus
RANSAC	*engl.* Random Sample Consensus
RGB	Rot, Grün, Blau (Farbraum)
RIFT	*engl.* Rotation Invariant Feature Transform
ROC	*engl.* Receiver Operating Characteristics
SLAM	*engl.* Simultaneous Localization and Mapping
SIFT	*engl.* Scale Invariant Feature Transform
SSD	*engl.* Sum of Squared Differences
SURF	*engl.* Speeded-Up Robust Features
SVD	*engl.* Singular Value Decomposition

SVM	*engl.* Support Vector Machine
UTM	*engl.* Universal Transverse Mercator

Notationsvereinbarungen

Skalare	nicht fett, kursiv: $a, b, c, \ldots$
Vektoren	fett, nicht kursiv: $\mathbf{a}, \mathbf{b}, \mathbf{c}, \ldots$
Matrizen	fett, nicht kursiv, groß: $\mathbf{A}, \mathbf{B}, \mathbf{C}, \ldots$
Mengen	kalligraphisch, groß: $\mathcal{A}, \mathcal{B}, \mathcal{C}, \ldots$

Symbole

b_i	Breite der i-ten Landmarke
B	Basisbreite
c_1, c_2	Koeffizienten der Zustandsgleichungen des Fahrzeugaufbaus
$\mathcal{C}$	Menge aller Korrespondenzen
$\mathbf{c}_j$	Korrespondierende Landmarke zur i-ten Beobachtung
d	Allgemeiner Bezeichner für Abstände
$d(\mathbf{x}_i, \mathbf{x}_j)$	Abstand der Vektoren $\mathbf{x}_i$ und $\mathbf{x}_j$
D	Dämpfung der Schwingungen des Fahrzeugaufbaus
e_i	Residuum der i-ten Beobachtung
$E(x, y)$	Strukturtensor
$\mathbf{f}_{\mathbf{l}_k}$	Merkmalsvektor der i-ten Landmarke in der Karte
$\mathbf{f}_{\mathbf{m}_j}$	Merkmalsvektor der i-ten beobachteten Landmarke
$H(x, y)$	Hesse-Matrix
$I(x, y)$	Intensitätsfunktion
i, j, k	Laufvariablen
$J(e, \epsilon)$	Güte einer Konsensmenge bei RANSAC-basierten Verfahren
K	Gesamtzahl der beobachteten Landmarken
l_i	Länge der i-ten Landmarke
$\mathcal{L}$	Menge aller Landmarken in der Karte
$\mathbf{l}_k$	i-te Landmarke in der Karte
$\mathrm{L}(x \mid y)$	Likelihood-Funktion
$\mathcal{M}$	Menge aller beobachteten Landmarken

$\mathbf{m}_j$	i-te beobachtete Landmarke
M_C	Harris-Eckenkriterium
N	Gesamtzahl der Landmarken in der Karte
$\mathcal{N}(\mu,\sigma)$	Normalverteilung mit Erwartungswert μ und Standardabweichung σ
$\mathrm{p}(x)$	Wahrscheinlichkeitsdichte
$\mathrm{p}\left(x\|y\right)$	Bedingte Wahrscheinlichkeitsdichte
$\mathbf{p}_K$	Kamerapose
$\mathbf{R}^\mathrm{W}$	Rotationsmatrix bezüglich des Weltkoordinatensystems
$\mathbf{R}^\mathrm{F}$	Rotationsmatrix bezüglich des Fahrzeugkoordinatensystems
$\mathbf{R}_K$	Rotationsmatrix der Kameraplattform
$\mathbf{R}_F$	Rotationsmatrix des Fahrzeugschwerpunkts
s	Skale
$\mathbf{S}$	Singulärwertmatrix
SP	Fahrzeugschwerpunkt
t_k	Aufnahmezeitpunkt des k-ten Kamerabilds
T_k	k-tes Abtastintervall
$\mathbf{v}_K^\mathrm{W}$	Geschwindigkeit der Kamera bezüglich des Weltkoordinatensystems
$v_{K,x}^\mathrm{W}, v_{K,y}^\mathrm{W}, v_{K,z}^\mathrm{W}$	Geschwindigkeitskomponenten von $\mathbf{v}_K^\mathrm{W}$
v_{xy}	Geschwindigkeitsbetrag in der x-y-Ebene
$w_{x,y}$	Fensterfunktion
$\mathbf{x}^\mathrm{W} = (x^\mathrm{W}, y^\mathrm{W}, z^\mathrm{W})^\mathrm{T}$	Ortsvektor im Weltkoordinatensystem
$\mathbf{x}^\mathrm{K}$	Ortsvektor im Kamerakoordinatensystem
$\mathbf{x}^\mathrm{L}$	Ortsvektor im Bildkoordinatensystem der linken Kamera
$\mathbf{x}^\mathrm{R}$	Ortsvektor im Bildkoordinatensystem der rechten Kamera
$\mathbf{x}_{\mathbf{l}_k}$	Ortsvektor der i-ten Landmarke in der Karte
$\mathbf{x}_{\mathbf{m}_j}$	Ortsvektor der i-ten beobachteten Landmarke
z_0	Ruhelage des Fahrzeugschwerpunkts über der x-y-Ebene
Δz	Höhe des Fahrzeugschwerpunkts relativ zur Ruhelage z_0
$\mathbf{z}$	Zustandsvektor
α	Kurswinkel
β	Schwimmwinkel
γ_i	Orientierung der i-ten Landmarke

$\delta_{i,j}$	Orientierungsdifferenz der Landmarken i und j
Δ	Disparität
ϵ	Obere Schranke einer ϵ-Umgebung
θ	Wankwinkel
κ	Allgemeiner Einstellparameter
λ_i	i-ter Eigenwert einer Matrix
λ_{min}	Kleinster Eigenwert einer Matrix
μ	Erwartungswert
ν	Eigenfrequenz der Schwingungen des Fahrzeugaufbaus
$\rho(e_i)$	Gütefunktion eines M-Estimators
σ	Standardabweichung
σ_d	Standardabweichung des Abstands d
σ_ψ	Standardabweichung des Winkels ψ
$\boldsymbol{\Sigma}$	Kovarianzmatrix
$\boldsymbol{\Sigma_f}$	Kovarianzmatrix der Merkmalsvektoren
$\boldsymbol{\Sigma_x}$	Kovarianzmatrix der Ortsvektoren
φ	Nickwinkel
φ_K^{F}	Einbauwinkel (Nickwinkel) der Kamera bezüglich des Fahrzeugkoordinatensystems
ψ	Gierwinkel
$\boldsymbol{\omega}_K^{W}$	Winkelgeschwindigkeit der Kamera bezüglich des Weltkoordinatensystems
$\omega_{K,x}^{W}, \omega_{K,y}^{W}, \omega_{K,z}^{W}$	Komponenten der Winkelgeschwindigkeit $\boldsymbol{\omega}_K^{W}$

1 Einleitung

Moderne Fahrerassistenzsysteme erfordern detailliertes Wissen über die Umgebung des Fahrzeugs. Sensoren zur Umfeldwahrnehmung wie Kameras, Radarsensoren oder Laserscanner können jedoch nur unvollständige, auf den aktuellen Sichtbereich beschränkte Informationen liefern. Für Aussagen über die Umgebung außerhalb des aktuellen Sichtfelds, beispielsweise den weiteren Straßenverlauf, ist deshalb genaues und aktuelles digitales Kartenmaterial in Verbindung mit einer genauen Lokalisierung unerlässlich.

Alleine durch Kenntnis des Straßenverlaufs ließen sich Genauigkeit und Zuverlässigkeit vieler Fahrerassistenzsysteme deutlich erhöhen. Aktuell verfügbare Seriensysteme wie Abstandsregeltempomat, Spurhalteassistent oder Überholassistent stoßen insbesondere bei kurvigen Strecken an ihre Grenzen. Für künftige Systeme, beispielsweise zur fahrstreifengenauen Zielführung, zur Warnung vor Gefahrenstellen oder zur Kreuzungsassistenz ist die genaue Kenntnis des Straßenverlaufs unverzichtbar.

Die Genauigkeit und die Zuverlässigkeit der bisher in Serienfahrzeugen eingesetzten satellitenbasierten Lokalisierung ist für diese Aufgaben nicht ausreichend [*Skog und Händel* 2009], weshalb mit großem Aufwand daran gearbeitet wird, die Positionsbestimmung durch die Hinzunahme weiterer im Fahrzeug verfügbarer Sensoren, beispielsweise eines Raddrehgebers oder eines Gierratensensors, zu verbessern [*Abbott und Powell* 1999; *Gustafsson et al.* 2002]. Obwohl sich mit diesen Sensoren die Genauigkeit und insbesondere die Zuverlässigkeit der Lokalisierung deutlich verbessern lassen, ist auch die Genauigkeit dieser Systeme für zukünftige Assistenzsysteme nicht mehr ausreichend.

Eine vielversprechende Möglichkeit zur Verbesserung der Lokalisierungsgenauigkeit stellt die Verknüpfung der Satellitenortung mit einer Lokalisierung anhand der Bilder einer Fahrzeugkamera dar. Kamerasysteme sind schon heute in vielen Fahrzeugen verbaut und werden in naher Zukunft in fast jedem Fahrzeug verfügbar sein.

Für die bildbasierte Lokalisierung werden im Kamerabild Landmarken gesucht, also markante Objekte oder Strukturen, deren Position im Weltkoordinatensystem bekannt ist. Anhand der Position mehrerer solcher Landmarken lässt sich dann die Fahrzeugposition genau bestimmen.

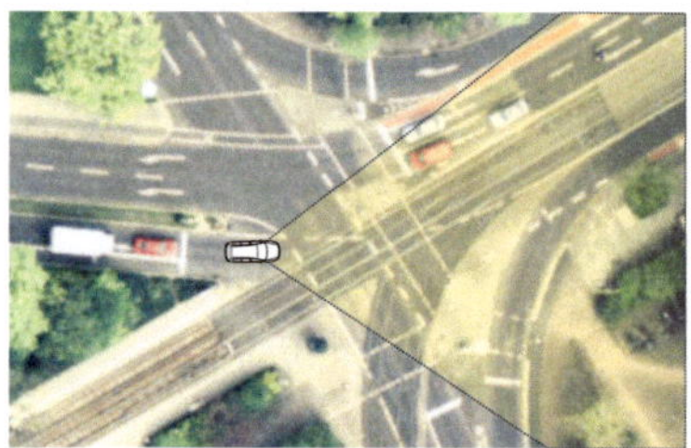

Abbildung 1.1: Bild der Fahrzeugkamera (links) und Luftaufnahme (rechts) derselben innerstädtischen Kreuzung. Zur Veranschaulichung ist im Luftbild die Fahrzeugposition markiert sowie der Bildausschnitt der Fahrzeugkamera gelb eingefärbt.

Voraussetzung hierfür ist die vorherige Erstellung einer Karte, in der die Positionen der Landmarken verzeichnet sind. Typischerweise wird hierfür das gesamte Kartengebiet abgefahren und dabei Sensordaten aufgezeichnet. Aus diesen wird dann entweder automatisiert oder manuell eine detaillierte Karte erstellt.

Im Rahmen dieser Arbeit wird ein Lokalisierungsverfahren vorgestellt, das Luftaufnahmen zur Kartenerstellung einsetzt. Diese sind nahezu weltweit verfügbar und ermöglichen die Kartenerstellung von ausgedehnten Gebieten in sehr kurzer Zeit ohne vorheriges Abfahren des gesamten Straßennetzes. Abbildung 1.1 zeigt beispielhaft einen Ausschnitt einer solchen Luftaufnahme sowie ein Bild der Fahrzeugkamera an derselben Position.

Ziel dieser Arbeit ist der Entwurf eines vollständigen Systems zur bildbasierten Lokalisierung, welches die Fahrzeugposition anhand von Fahrbahnmarkierungen bestimmt, die aus den Luftaufnahmen und den Bildern einer Stereokamera im Fahrzeug extrahiert werden.

1.1 Einordnung der Arbeit

Die Einführung positionsbezogener Dienste in Straßenfahrzeugen ist eng verbunden mit der Entwicklung des *NAVSTAR Global Positioning System (GPS)*. Über die Entfernungsmessungen zu Satelliten mit bekannter Position - im weitesten Sinne handelt es sich dabei also ebenfalls um Landmarken - lässt sich die eigene Position jederzeit und weltweit bestimmen. Einen Überblick über GPS und andere satellitenbasierte Ortungssysteme gibt [*Hofmann-Wellenhof et al.* 2007].

Zur Verbesserung der Genauigkeit der Lokalisierung und zur Überbrückung von kurzzeitigen GPS-Ausfällen werden häufig weitere Sensordaten mit den GPS-Daten fusioniert. Vornehmlich für die genaue Lokalisierung von Fluggeräten eingesetzt werden beispielsweise *integrierte Navigationssysteme*, welche die Beobachtungen von drei genauen Beschleunigungssensoren, drei Rotationssensoren und einem GPS-System kombinieren [*Wendel* 2007; *Grewal et al.* 2007]. In einem *Strapdown-Algorithmus* werden die Beschleunigungs- und Drehratenmessungen integriert und mit den GPS-Positionsschätzungen fusioniert [*Titterton und Weston* 2004].

Vergleichbare Verfahren kommen auch bei der Lokalisierung von Straßenfahrzeugen zum Einsatz. Aus Kostengründen werden aber wesentlich einfachere, meist elektromechanische Beschleunigungs- und Rotationssensoren verwendet oder es wird ganz auf mehrachsige Inertialsensoren verzichtet. Stattdessen wird die Eigenbewegung dann mit Hilfe der Raddrehzahlen bestimmt, häufig unterstützt durch einen einzelnen Sensor für die Gierrate oder einen Magnetfeldsensor für die absolute Orientierung [*Abbott und Powell* 1999]. Einen umfassenden Überblick über Lokalisierungssysteme für Straßenfahrzeuge, insbesondere GPS-Systeme, geben [*Skog und Händel* 2009].

Auch im Bereich der Robotik existiert eine Vielzahl von Verfahren zur Lösung des Lokalisierungsproblems. Landmarkenbasierte Systeme bieten hierbei den Vorteil, dass sich die erforderliche Sensorik vollständig an Bord des Roboters befindet. In der Regel werden dabei Laserscanner oder Videokameras verwendet, um die Umgebung zu erfassen und geeignete Landmarken zu bestimmen.

Mit der wachsenden Zahl an Sensoren zur Umfelderfassung in Serienfahrzeugen werden solche landmarkenbasierte Lokalisierungsverfahren auch für Straßenfahrzeuge zunehmend interessant, um die GPS-basierte Lokalisierung zu unterstützen oder sogar in Teilbereichen zu ersetzen.

Bei der landmarkenbasierten Lokalisierung kann unterschieden werden zwischen der Lokalisierung in unbekannten Umgebungen und der Lokalisierung anhand einer bekannten Karte. Bei der Lokalisierung in unbekannten Umgebungen wird gleichzeitig eine Karte der Umgebung aufgebaut und die Position des Roboters in der Karte bestimmt. Dieses Problem ist in der Robotik als *Simultaneous Localization and Mapping (SLAM)* bekannt. Dagegen erfolgen bei der Lokalisierung in bekannten Umgebungen die Kartenerstellung und die Positionsbestimmung anhand dieser Karte unabhängig voneinander.

Einen ausführlichen Überblick über SLAM-Verfahren geben [*Thrun* 2002] und [*Durrant-Whyte und Bailey* 2006]. Bekannte Beispiele sind der FastSLAM-Algorithmus [*Montemerlo et al.* 2002] oder der GraphSLAM-Algorithmus [*Thrun und Montemerlo* 2005].

Mit wachsender Kartengröße fällt die Geschwindigkeit vieler global optimierender SLAM-Verfahren rasch ab, weshalb diese Verfahren sich nur für die Lokalisierung in begrenzten Umgebungen eignen, beispielsweise innerhalb geschlossener Gebäude. Ein Beispiel für ein SLAM-Verfahren, das GPS als weitere Sensorinformation nutzt und auch für die Lokalisierung in ausgedehnten Gebieten geeignet ist, beschreiben [*Martinez-Cantin und Castellanos* 2005].

Ein weiterer Nachteil der SLAM-Verfahren besteht darin, dass sich ein Roboter nur in Bereichen zurechtfinden kann, die bereits in der Karte erfasst wurden. Für den Einsatz in Straßenfahrzeugen ist dies problematisch, da hier sehr weit ausgedehnte Gebiete kartiert werden müssen und für viele Anwendungen, beispielsweise für die Routenplanung oder für die Warnung vor Gefahrenstellen, die Karte vorab bekannt sein muss.

Für diese Anwendungen bieten sich daher Verfahren an, bei denen Lokalisierung und Kartenerstellung unabhängig voneinander erfolgen. Voraussetzung für die Lokalisierung ist dabei die vorherige Erstellung einer vollständigen Karte der Umgebung. Diese Vorgehensweise hat den weiteren Vorteil, dass bei der Kartenerstellung andere Verfahren und gegebenenfalls genauere Sensoren als bei der Lokalisierung eingesetzt werden können.

Für die Kartenerstellung werden häufig ebenfalls SLAM-Algorithmen eingesetzt. Verfahren zur Kartenerstellung aus den Daten eines Laserscanners beschreiben beispielsweise [*Levinson et al.* 2007] und [*Weiss et al.* 2005]. Ersteres verwendet hierzu den GraphSLAM-Algorithmus, und die resultierende Karte besteht im Wesentlichen aus den Intensitäts- und Entfernungsmessungen des Laserscanners. Dahingegen besteht die von [*Weiss et al.* 2005] erstellte Karte aus einer geometrischen Beschreibung einzelner Landmarken.

Eine weitere Möglichkeit zur Kartenerstellung besteht in der präzisen manuellen Vermessung der Landmarken und Erstellung einer Landmarkenkarte. Dabei kann häufig auf vorhandene Daten der Vermessungsämter aufgebaut werden. Das von [*Scheunert et al.* 2004] beschriebene Lokalisierungsverfahren erfordert beispielsweise Kartenmaterial, welches Fahrbahnberandungen, Lichtmasten und Bäume als Landmarken enthält. Das von [*Brenner* 2009] vorgestellte Verfahren verwendet ebenfalls genau vermessene Lichtmasten zur Lokalisierung. Ein Verfahren zur Lokalisierung anhand von Bordsteinen und Fahrbahnmarkierungen beschreiben [*Mattern et al.* 2010].

Eine Alternative sowohl zur manuellen Kartenerstellung als auch zum Abfahren des gesamten Straßennetzes stellt die Verwendung von Luftbildern zur Kartenerstellung dar. Hierbei existieren sowohl Ansätze, die unmittelbar die Luftbilder zur Lokalisierung verwenden [*Dogruer et al.* 2008; *Napier et al.* 2010], als auch Verfahren, bei denen zunächst eine Landmarkenkarte aus den Luftbildern erstellt wird. Dies kann beispielsweise durch Kantenextraktion erfolgen [*Kümmerle et al.* 2009]. Ein wesentlicher Nachteil der direkten Verarbeitung der Luftaufnahmen gegenüber einer vorherigen Landmarkenerkennung ist der große Speicherbedarf der Bilder für ausgedehnte Gebiete.

Abseits der Zielsetzung einer videobasierten Lokalisierung gibt es zahlreiche weitere Verfahren zur automatisierten Kartenerstellung aus Luftbildern, die bis hin zur automatisierten Erstellung von 3D-Stadtmodellen reichen [*Früh und Zakhor* 2003, 2004].

Für die Lokalisierung von Straßenfahrzeugen anhand einer Landmarkenkarte sind kamerabasierte Verfahren von besonderem Interesse, da Kameras auf dem besten Wege sind, zur Serienausstattung jedes Fahrzeugs zu werden. Ein Überblick speziell über kamerabasierte Verfahren aus der Robotik findet sich in [*Desouza und Kak* 2002].

Ein wichtiger Schritt bei der kamerabasierten Lokalisierung ist das Auffinden geeigneter Landmarken im Kamerabild. In einer frühen Untersuchung zur kamerabasierten Lokalisierung anhand einer vorgegebenen Landmarkenkarte [*Krotkov* 1989] werden vertikale Kanten als Landmarken verwendet. Spätere Arbeiten nutzen stattdessen häufig markante Bildpunkte (engl. *Interest Points*). Die für das SLAM-Verfahren von [*Se et al.* 2002] erstellte Landmarkenkarte besteht aus SIFT-Deskriptoren [*Lowe* 1999], die aus den Bildern einer Stereokameraplattform gewonnen werden. Speziell mit der optimalen Auswahl einer Untermenge von markanten Punkten für die Lokalisierung beschäftigt sich [*Sala et al.* 2006].

Erwähnenswert ist außerdem MonoSLAM [*Davison et al.* 2007], das eine probabilistische Landmarkenkarte aus den Beobachtungen einer einzelnen Kamera aufbaut. Einen weitergehenden Überblick über *Visual SLAM* Verfahren liefert [*Lemaire et al.* 2007].

Eng verbunden mit der kamerabasierten Lokalisierung ist auch die Idee der kamerabasierten Schätzung der Fahrzeugbewegung, häufig auch als *Visual Odometry* [*Nistér et al.* 2004] bezeichnet. Neben der rein videobasierten Lokalisierung kommen diese Verfahren auch als Ersatz für Inertialsensorik in Verbindung mit einem GPS-Empfänger zum Einsatz [*Agrawal und Konolige* 2006].

Voraussetzung für die bildbasierte Eigenbewegungsschätzung sind Verfahren zur Schätzung des *optischen Flusses* [*Horn und Schunck* 1981; *Nistér* 2004], also der Verschiebung eines Bildpunktes zwischen zeitlich aufeinanderfolgenden Bildern. Aus dieser Verschiebung im Bild lässt sich dann die Bewegung der Kamera rekonstruieren [*Longuet-Higgins und Prazdny* 1980; *Chowdhury und Chellappa* 2003; *Nistér et al.* 2004; *Munguia und Grau* 2007]. Häufig werden weitere Sensoren zur Validierung der Bewegungsschätzung eingesetzt, beispielsweise eine zusätzliche, auf die Fahrbahn gerichtete Kamera [*Horn et al.* 2007].

In der vorliegenden Arbeit wird ein Verfahren zur bildbasierten Lokalisierung von Straßenfahrzeugen vorgestellt, das eine vorab erstellte Landmarkenkarte voraussetzt. Das Verfahren baut dabei auf bestehenden Ansätzen aus der satellitenbasierten Lokalisierung von Straßenfahrzeugen sowie der landmarkenbasierten Lokalisierung aus dem Bereich der Robotik auf.

Zur Erstellung der Landmarkenkarte werden Luftaufnahmen verwendet, da diese nahezu weltweit verfügbar sind und die Aufnahme der Luftbilder erheblich weniger aufwändig ist als das Abfahren des gesamten Straßennetzes. Damit lassen sich in sehr kurzer Zeit Karten von ausgedehnten Gebieten erstellen, so dass eine häufige Aktualisierung der Karten möglich ist.

Die Verwendung einer Landmarkenkarte anstelle der ursprünglichen Luftbilder besitzt neben dem geringeren Speicheraufwand den Vorteil, dass das Kartenformat unabhängig vom Bildformat der verwendeten Luftaufnahmen ist. Durch die Abstraktion der Bilddaten zu geometrisch beschriebenen Landmarken ist das Lokalisierungssystem grundsätzlich nicht auf Luftbilder als Datenquelle für die Landmarkenkarte beschränkt, sondern lässt auch andere Verfahren zur Kartenerstellung zu.

1.2   Ziele und Aufbau der Arbeit

Ziel dieser Arbeit ist der Entwurf eines Systems zur videobasierten Lokalisierung, welches die gesamte Verarbeitung von der Sensorauswertung bis zur rekursiven Schätzung des Fahrzeugzustands abdeckt.

Für das System wird dabei ein modularer Aufbau gewählt, dessen einzelne Komponenten in Abbildung 1.2 dargestellt sind. Das Kernstück bildet dabei die landmarkenbasierte Lokalisierung, welche anhand im Kamerabild detektierter Landmarken und einer digitalen Karte eine Schätzung der Kamerapose ermittelt.

Daneben erfordert die bildbasierte Lokalisierung ein Verfahren zur Detektion geeigneter Landmarken in den Bildern der Fahrzeugkamera sowie die Erstellung einer entsprechenden Landmarkenkarte. Hierfür wird ein Verfahren zur automatisierten Erstellung einer solchen Karte vorgestellt. Als Datenquelle für die Kartenerstellung sollen dabei Luftaufnahmen dienen, da diese nahezu weltweit verfügbar sind und in verhältnismäßig kurzen Zeitabständen aktualisiert

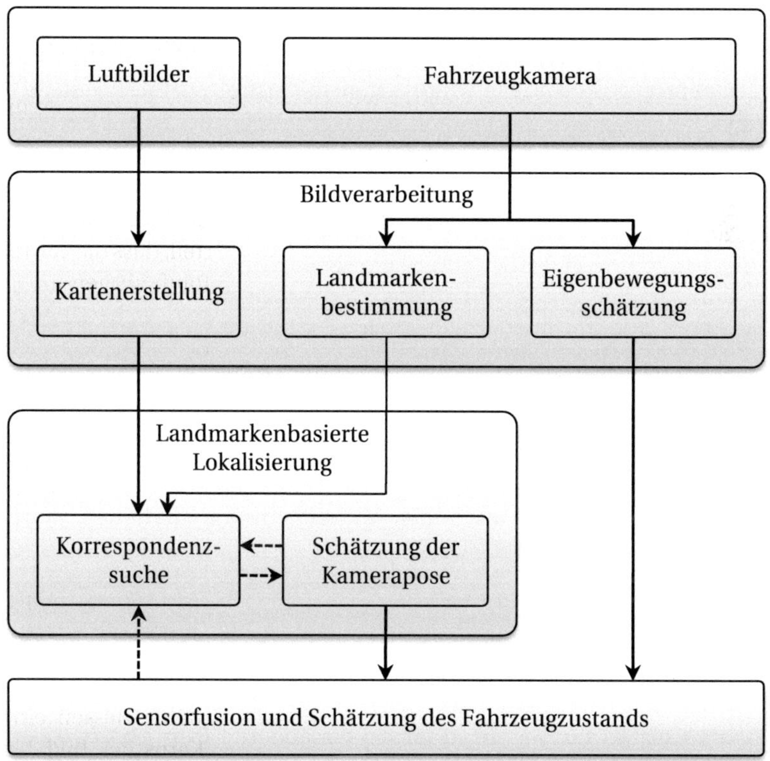

Abbildung 1.2: Schematischer Aufbau des vorgeschlagenen Systems zur bildbasierten Lokalisierung.

werden können. Als Landmarken werden Fahrbahnmarkierungen verwendet, welche als geometrische Objekte in der Karte abgelegt werden.

Die geschätzte Kamerapose als Ergebnis der landmarkenbasierten Lokalisierung soll anschließend als Beobachtung zur rekursiven Schätzung des Fahrzeugzustands eingesetzt werden. Diese Trennung von Lokalisierung und rekursiver Zustandsschätzung ist Voraussetzung für ein flexibles Lokalisierungssystem, bei welchem die Bestimmung der Kamerapose unabhängig von einem Fahrzeugmodell erfolgt und die rekursive Zustandsschätzung unabhängig von den Eigenschaften der verwendeten Kamera oder der verwendeten Landmarken. Daneben ermöglicht diese Struktur auch die Einbeziehung weiterer Sensordaten, beispielsweise Inertialsensoren, Odometrie oder Satellitenortung. Im Rahmen dieser Arbeit soll zur Steigerung der Genauigkeit und der Zuverlässigkeit der Schätzung beispielhaft als weitere Beobachtung eine bildbasierte Bewegungsschätzung genutzt werden.

Wichtig beim Entwurf des Systems ist die Verwendung echtzeitfähiger Algorithmen, um einen Einsatz des Verfahrens im Versuchsträger zu ermöglichen. Ziel ist die Demonstration einer videobasierten Fahrzeuglokalisierung im Versuchsträger anhand von realen Bildsequenzen.

Die Gliederung der Arbeit orientiert sich an den Teilsystemen des angestrebten Lokalisierungssystems:

- *Kapitel 2* präsentiert allgemeine Verfahren und Definitionen, welche für den Entwurf des Lokalisierungssystems an unterschiedlichen Stellen benötigt werden.

- *Kapitel 3* behandelt den Entwurf der landmarkenbasierten Lokalisierung. Dazu werden bestehende Ansätze zur Positionsbestimmung und zur Korrespondenzsuche untersucht und anhand dieser ein Verfahren abgeleitet, welches für die Lokalisierung anhand von Fahrbahnmarkierungen geeignet ist.

- *Kapitel 4* beschreibt die Verfahren zur Bestimmung der erforderlichen Landmarken aus den Luftbildern und den Bildern der Fahrzeugkamera. Aufgrund der unterschiedlichen Anforderungen an die Erstellung einer Landmarkenkarte aus Luftbildern und der Landmarkenerkennung aus Bildern der Fahrzeugkameras werden hierfür jeweils unterschiedliche Verfahren entwickelt. Aus den Bildern der Fahrzeugkamera wird außerdem die Fahrzeugeigenbewegung bestimmt, welche als zusätzliche Beobachtung für die Positionsbestimmung verwendet werden soll.

- *Kapitel 5* untersucht Verfahren und Modelle zur zeitlichen Verfolgung des Fahrzeugzustands anhand der beobachteten Positionsschätzungen und Bewegungsschätzungen. Hierfür werden existierende Ansätze aus der landmarkenbasierten und satellitenbasierten Lokalisierung untersucht und geeignete Bewegungs- und Beobachtungsmodelle für eine bildbasierte Lokalisierung von Straßenfahrzeugen abgeleitet.

- *Kapitel 6* beinhaltet die experimentelle Validierung der vorgestellten Teilsysteme und des Gesamtsystems anhand realer Daten.

- *Kapitel 7* fasst die wesentlichen Ergebnisse dieser Arbeit zusammen.

2 Grundlagen und Definitionen

In diesem Kapitel werden Definitionen und allgemeine Verfahren eingeführt, die im Rahmen dieser Arbeit benötigt werden.

Kapitel 2.1 enthält Begriffsbestimmungen und Kapitel 2.2 eine Beschreibung der Koordinatensysteme, wie sie im Rahmen dieser Arbeit verwendet werden. Einen Überblick über robuste Verfahren zur Parameterschätzung gibt Kapitel 2.3.

2.1 Begriffsbestimmung

Der Begriff der *Landmarke* wird in der Literatur sehr unterschiedlich verwendet und bezeichnet im Allgemeinen diejenigen Objekte, die in der Karte abgelegt werden und zur Lokalisierung verwendet werden. Dies können Objekte oder Strukturen sein, die sich durch ihre geometrischen Eigenschaften beschreiben lassen, aber auch die Grauwerte einzelner Bildpunkte oder *Deskriptoren*, welche das charakteristische Erscheinungsbild der Umgebung eines *markanten Bildpunkts* beschreiben.

Im Rahmen dieser Arbeit werden zur Lokalisierung geometrische Strukturen in Form von Fahrbahnmarkierungen verwendet, für welche der Begriff *Landmarke* verwendet werden soll. In Abgrenzung davon wird für einen markanten und eindeutig lokalisierbaren Punkt im Kamerabild, der beispielsweise durch die Grauwerte oder Gradienten in seiner lokalen Umgebung beschrieben ist, der Begriff *markanter Bildpunkt* verwendet.

Im Rahmen dieser Arbeit ebenfalls benötigt wird der Begriff der *Pose* [DIN EN ISO 8373], welcher die Kombination aus Position und Orientierung eines Objektes zu seinem Referenzkoordinatensystem bezeichnet. Ein Überblick der im Rahmen dieser Arbeit verwendeten Koordinatensysteme wird im folgenden Kapitel 2.2 gegeben. Verschiedene Darstellungsformen der Pose als *Eulerwinkel*, *Quaternionen* oder Rotationsmatrix und Translationsvektor sind in Anhang A.2 zu finden.

Weitere im Rahmen dieser Arbeit verwendete und nicht näher eingeführte Begriffe aus dem Fahrzeugbereich, beispielsweise Fahrstreifen, Spur, Zielführung oder Odometrie orientieren sich an den Definitionen im Handbuch Fahrerassistenzsysteme [*Winner et al.* 2009].

2.2   Koordinatensysteme

Abbildung 2.1 gibt einen Überblick der im Rahmen dieser Arbeit verwendeten Koordinatensysteme, welche im Folgenden ausführlicher vorgestellt werden.

Ziel der videobasierten Lokalisierung ist die Bestimmung der geographischen Position des Fahrzeugs. Als Bezugskoordinatensystem wird hierfür das *Universal Transverse Mercator (UTM)* Koordinatensystem [UTM 1989] verwendet. Dieses teilt die Erde in Zonen auf, welche dann lokal mit der jeweils günstigsten transversalen Mercator-Projektion auf ein kartesisches Koordinatensystem abgebildet werden. Als Ursprung des Weltkoordinatensystems wird der Koordinatenursprung der aktuellen UTM-Zone verwendet; die Zone selbst wird im Rahmen dieser Arbeit als konstant vorausgesetzt. Mit den Koordinaten

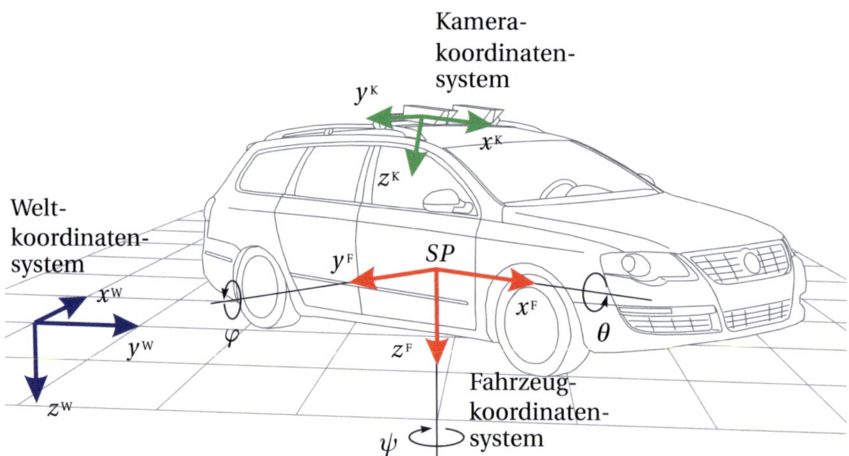

Abbildung 2.1: Koordinatenursprung und Koordinatenachsen der im Rahmen dieser Arbeit verwendeten Koordinatensysteme. Der Ursprung des Weltkoordinatensystems entspricht dem Ursprung der aktuellen UTM-Zone. Der Ursprung des Fahrzeugkoordinatensystems liegt im Fahrzeugschwerpunkt *SP* und der Ursprung des Kamerakoordinatensystems im Projektionszentrum der rechten Kamera.

$\mathbf{x}^\mathrm{w} = (x^\mathrm{w}, y^\mathrm{w}, z^\mathrm{w})^\mathrm{T}$ entspricht gemäß den Koordinatenrichtungen des UTM-Systems die x^w-Achse des Weltkoordinatensystems dem *Hochwert* (engl. *northing*) und die y^w-Achse dem *Rechtswert* (engl. *easting*). Die z^w-Achse des Weltkoordinatensystems zeigt folglich nach unten.

Diese Konvention entspricht der Definition der Koordinatenachsen nach [DIN 9300], welche für Lokalisierungssysteme gebräuchlich ist. Die im Bereich der Fahrzeugtechnik ebenfalls verbreitete Definition nach [DIN 70000] unterscheidet sich von dieser nur durch das Vorzeichen der y- und z-Koordinaten.

Im Rahmen dieser Arbeit soll die Definition nach [DIN 9300], einschließlich der Beschreibung der Fahrzeugorientierung durch *Yaw-Pitch-Roll*-Winkel verwendet werden. Die Orientierung des Fahrzeugs ergibt sich damit aus einer Rotation um die Fahrzeughochachse z^w mit dem *Gierwinkel* (engl. Yaw) ψ, anschließender Rotation um die daraus entstandene y-Achse mit dem *Nickwinkel* (engl. Pitch) φ und schließlich der Rotation um die entstandene x-Achse mit dem *Wankwinkel* (engl. Roll) θ.

Ein Überblick über weitere Darstellungsformen, Umrechnungen und Koordinatentransformationen ist in Anhang A.2 zu finden.

Die Modellierung der Fahrzeugbewegung erfolgt über den Fahrzeugschwerpunkt SP, welcher den Ursprung des Fahrzeugkoordinatensystems mit den Koordinaten $\mathbf{x}^\mathrm{F} = (x^\mathrm{F}, y^\mathrm{F}, z^\mathrm{F})^\mathrm{T}$ bildet. Die x^F-Achse des Fahrzeugkoordinatensystems zeigt dabei in Fahrzeuglängsrichtung, die y^F-Achse nach rechts in Fahrzeugquerrichtung und die z^F-Achse nach unten.

Für die Rückprojektion der Bilder der Fahrzeugkameras wird als weiteres Hilfskoordinatensystem das Kamerakoordinatensystem mit den Koordinaten $\mathbf{x}^\mathrm{K} = (x^\mathrm{K}, y^\mathrm{K}, z^\mathrm{K})^\mathrm{T}$ eingeführt. Weiterhin wird vorausgesetzt, dass die perspektivische Projektion in die Bildebene dem Modell einer idealen Lochkamera entspricht [*Jähne* 2005] und die linke Kamera zur rechten Kamera lediglich in y^K-Richtung um eine bekannte Basisbreite B versetzt ist (vgl. Abbildung 2.2).

Für den Ursprung des Kamerakoordinatensystems wird die angenommene infinitesimal kleine Lochblende der rechten Kamera gewählt. Die x^K-Achse des Kamerakoordinatensystems zeigt entlang der optischen Achse der rechten Kamera, die Richtungen der y^K- und z^K-Achse stimmen mit den Koordinatenrichtungen der Bildebene überein.

Mit dem Modell der idealen Lochkamera entsprechen die Koordinaten in der Bildebene $\mathbf{x}^\mathrm{L} = (x^\mathrm{L}, y^\mathrm{L})^\mathrm{T}$ der linken Kamera und $\mathbf{x}^\mathrm{R} = (x^\mathrm{R}, y^\mathrm{R})^\mathrm{T}$ der rechten Kamera den sogenannten *normalisierten Koordinaten* mit den Abbildungs-

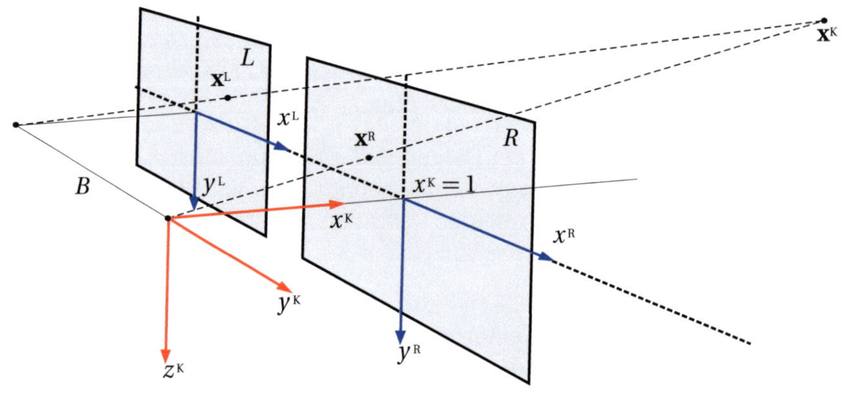

Abbildung 2.2: Schematischer Aufbau der Stereokameraplattform.

vorschriften

$$\mathbf{x}^R = \begin{pmatrix} x^R \\ y^R \end{pmatrix} = \frac{1}{x^K} \cdot \begin{pmatrix} y^K \\ z^K \end{pmatrix} \tag{2.1}$$

für die rechte Kamera sowie

$$\mathbf{x}^L = \begin{pmatrix} x^L \\ y^L \end{pmatrix} = \frac{1}{x^K} \cdot \begin{pmatrix} y^K + B \\ z^K \end{pmatrix} \tag{2.2}$$

für die linke Kamera.

Für ein gegebenes Paar von Punktkorrespondenzen zwischen linkem und rechtem Kamerabild, also den Koordinaten $\mathbf{x}^L$ und $\mathbf{x}^R$ desselben Objektpunktes, lassen sich mit Hilfe von Gleichung 2.1 und 2.2 die Koordinaten $\mathbf{x}^K$ dieses Punktes rekonstruieren. Diese lauten

$$\mathbf{x}^K = \begin{pmatrix} x^K \\ y^K \\ z^K \end{pmatrix} = \begin{pmatrix} \frac{B}{x^L - x^R} \\ x^R \cdot x^K \\ y^R \cdot x^K \end{pmatrix} . \tag{2.3}$$

Die Differenz $x^L - x^R$ wird dabei auch als *Disparität* Δ bezeichnet.

Für eine reale Kameraplattform mit gegebenenfalls abweichender Anordnung der Kameras ist außerdem eine Umrechnung von Pixelkoordinaten in die normalisierten Koordinaten des hier vorgestellten idealisierten Modells notwendig. Dies erfordert die Bestimmung der *extrinsischen und intrinsischen Parameter* der Kameraplattform, beispielsweise nach [*Dang und Stiller* 2009].

2.3 Robuste Schätzverfahren

Im Rahmen dieser Arbeit werden an verschiedenen Stellen Schätzverfahren benötigt, um für eine Reihe von gegebenen Beobachtungen (x_i, y_i) einen Schätzwert für die Parameter $\boldsymbol{\theta}$ einer vorgegebenen Funktion $y = f(x, \boldsymbol{\theta})$ zu bestimmen.

Beobachtungen, die von diesen Modellannahmen deutlich abweichen, sogenannte *Ausreißer* (engl. *Outlier*), können die Schätzung der Modellparameter stark beeinflussen. Bei der bildbasierten Lokalisierung treten solche Ausreißer beispielsweise dann auf, wenn Landmarken im Bild fälschlich detektiert werden, Landmarken in der Karte nicht vorhanden sind oder wenn Landmarken fehlerhaft zugeordnet werden.

In diesem Kapitel werden robuste Verfahren vorgestellt, mit denen eine Schätzung auch dann noch möglich ist, wenn eine große Zahl an Ausreißern in den Messdaten enthalten ist. Das Verhältnis von Ausreißern zu Nutzdaten, bis zu welchem ein solches robustes Verfahren noch einen gültigen Schätzwert liefert, wird als *Bruchpunkt* (engl. *Breakdown Point*) bezeichnet und ist ein wichtiges Kriterium zur Bewertung eines robusten Schätzers.

Ausgehend von der *Methode der kleinsten Fehlerquadrate* (engl. *Least Squares*) werden in Kapitel 2.3.1 Gütefunktionen für die robuste Parameterschätzung vorgestellt. In Kapitel 2.3.2 werden robuste Schätzverfahren vorgestellt, die einen besonders hohen Bruchpunkt aufweisen und auf dem Ziehen von zufälligen Stichproben aus den Beobachtungen basieren.

2.3.1 Methode der kleinsten Quadrate und robuste Varianten

Die Methode der kleinsten Quadrate ist die bekannteste Methode zur Parameterschätzung und minimiert für N Beobachtungen (x_i, y_i) die Quadrate der Residuen $e_i = f(x_i, \boldsymbol{\theta}) - y_i$,

$$\hat{\boldsymbol{\theta}} = \min_{\boldsymbol{\theta}} \sum_{i=1}^{N} (f(x_i, \boldsymbol{\theta}) - y_i)^2 . \tag{2.4}$$

Ein wesentlicher Nachteil dieses Verfahrens ist die geringe Robustheit, da Ausreißer mit einem großen Residuum bei der Minimierung eines quadratischen Gütekriteriums starken Einfluss auf die geschätzten Parameter haben.

Eine Verallgemeinerung dieser Methode stellen die sogenannten *M-Schätzer* (engl. *M-Estimator*) dar [*Huber* 2009], welche eine vorgegebene Gütefunktion

$\sum_{i=1}^{n} \rho(e_i)$ minimieren. Für $\rho(e) = e^2$ entspricht dies gerade der Methode der kleinsten Fehlerquadrate.

Durch die Wahl einer geeigneten Gütefunktion kann bei M-Schätzern der Einfluss von Ausreißern auf den Schätzwert im Vergleich zur Methode der kleinsten Fehlerquadrate wesentlich verringert werden [*Huber* 2009]. Je nach Gütefunktion lässt sich mit diesen Verfahren ein Bruchpunkt von bis zu 0,5 erreichen.

Ein weiteres naheliegendes Beispiel für eine Gütefunktion ist die Minimierung des Betrags der Residuen $\rho(e) = |e|$ (engl. *Least Absolute Deviations, LAD*), welches bereits deutlich robuster ist als die quadratisch optimale Schätzung mit $\rho(e) = e^2$.

Erfolgt die Optimierung der Gütefunktion numerisch über ein Gradientenabstiegsverfahren, sind jedoch Gütefunktionen von Vorteil, die insbesondere in der Umgebung des Ursprungs stetig differenzierbar sind. Oft wird daher in einer vorgegebenen Umgebung des Nullpunkts eine quadratische Gütefunktion verwendet oder angenähert, und lediglich weiter entfernte Datenpunkte gehen mit einem geringeren Gewicht in die Schätzung ein. Beispiele für solche gemischten Gütefunktionen sind die Huber-Funktion

$$\rho(e) = \begin{cases} e^2 & |e| \leq \kappa \\ 2\kappa|e| - \kappa^2 & |e| > \kappa \end{cases} \tag{2.5}$$

und die Biweight-Funktion

$$\rho(e) = \begin{cases} \kappa^2 \left(1 - \left(1 - \frac{e^2}{\kappa^2} \right)^3 \right) & |e| \leq \kappa \\ \kappa^2 & |e| > \kappa \end{cases}, \tag{2.6}$$

mit dem Einstellparameter κ, der entsprechend der erwarteten Verteilung von Beobachtungen und der Ausreißer gewählt werden muss. In Abbildung 2.3 sind beide Funktionen beispielhaft für $\kappa = 2$ dargestellt.

Die Lösung erfolgt in der Regel über iterative Verfahren wie den *Iteratively Reweighted Least Squares* Algorithmus [*Wolke* 1992], da sich nur für die Minimierung weniger Gütefunktionen eine geschlossene Lösung angeben lässt.

Neben den M-Schätzern existieren noch zahlreiche andere robuste Varianten der Methode der kleinsten Quadrate. Ein Beispiel hierfür ist *Least Trimmed Squares (LTS)*, bei der eine vorgegebene Anzahl Messungen mit den größten Residuen nicht in die Bestimmung des Schätzwertes einbezogen werden [*Rousseeuw* 1984; *Rousseeuw und Leroy* 2003].

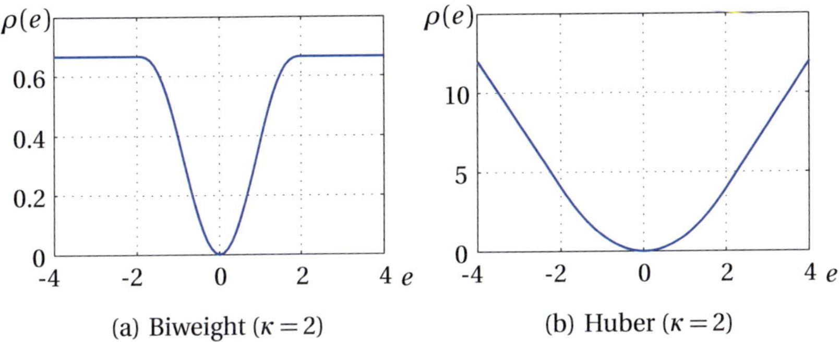

(a) Biweight ($\kappa = 2$)   (b) Huber ($\kappa = 2$)

Abbildung 2.3: Beispiele häufig verwendeter Gütefunktionen für M-Schätzer.

2.3.2 Parameterschätzung aus zufälligen Stichproben

Eine Klasse von robusten Schätzern, die sich durch einen besonders hohen Bruchpunkt auszeichnet, basiert auf der Parameterschätzung mit einer zufällig gezogenen Stichprobe aus den Messdaten (engl. *Random Sample*) und der anschließenden Bestimmung sämtlicher Punkte, die diese Hypothese unterstützen. Dies wird solange wiederholt, bis mit einer gewissen Wahrscheinlichkeit eine Schätzung ohne Ausreißer erzielt wurde.

Der allgemeine Ablauf der robusten Schätzer dieser Klasse lässt sich wie folgt darstellen:

1. Zufällige Wahl von K Punkten $(x_{j,\text{Test}}, y_{j,\text{Test}})$ aus den Datenpunkten (x_i, y_i), und Schätzung der Modellparameter

$$\hat{\boldsymbol{\theta}}_{\text{Test}} = \min_{\boldsymbol{\theta}} \sum_{i=1}^{K} (f(x_{j,\text{Test}}, \boldsymbol{\theta}) - y_{j,\text{Test}})^2 \tag{2.7}$$

anhand dieser Punkte.

2. Berechnung eines Gütekriteriums

$$J(\hat{e}_i, \epsilon) \tag{2.8}$$

als Funktion eines vorgegebenen Schwellwerts ϵ und der Residuen der Datenpunkte (x_i, y_i)

$$\hat{e}_i = \|(f(x_i, \hat{\boldsymbol{\theta}}_{\text{Test}}) - y_i)\|_2 \, . \tag{2.9}$$

3. Ist die Gütefunktion kleiner als in den bisherigen Durchläufen, wird aus diesen eine neue *Konsensmenge* (engl. *Consensus Set*) $(x_{k,\mathrm{Cons}}, y_{k,\mathrm{Cons}})$ bestimmt. Dieses ist die Untermenge aller Datenpunkte (x_i, y_i), für welche das Residuum unterhalb einer vorgegebenen Schranke ϵ liegt,

$$\hat{e}_i^2 = (f(x_i, \hat{\boldsymbol{\theta}}_{\mathrm{Test}}) - y_i)^2 < \epsilon^2 \; . \tag{2.10}$$

4. Wiederholung der Schritte 1 bis 3, bis mit einer vorgegebenen Wahrscheinlichkeit ein Datensatz aus Punkten $(x_{j,\mathrm{Test}}, y_{j,\mathrm{Test}})$ gezogen wurde, welcher keine Ausreißer enthält.

5. Bestimmung der gesuchten Modellparameter

$$\hat{\boldsymbol{\theta}} = \min_{\boldsymbol{\theta}} \sum_k (f(x_{k,\mathrm{Cons}}, \boldsymbol{\theta}) - y_{k,\mathrm{Cons}})^2 \tag{2.11}$$

aus der resultierenden Konsensmenge.

Die ursprüngliche Formulierung dieses Schätzverfahrens ist das von [*Fischler und Bolles* 1981] vorgestellte *Random Sample Consensus (RANSAC)* Verfahren. Dieses verwendet als Gütefunktion $J(\hat{e}_i, \epsilon)$ die Anzahl der Punkte, deren Residuen größer ist als die vorgegebene Fehlerschranke ϵ, also

$$J_{\mathrm{RANSAC}}(\hat{e}_i, \epsilon) = \sum_i j_i \text{ mit } \begin{cases} j_i = 1 & |\hat{e}_i| \geq \epsilon \\ j_i = 0 & |\hat{e}_i| < \epsilon \end{cases} . \tag{2.12}$$

Aufbauend auf dem RANSAC-Verfahren existieren zahlreiche Varianten und Verbesserungen dieses Schätzverfahrens. Nennenswert ist beispielsweise das *M-Estimator Sample Consensus (MSAC)* Verfahren [*Torr und Zisserman* 2000], welches die Gütefunktion

$$J_{\mathrm{MSAC}}(\hat{e}_i, \epsilon) = \sum_i j_i \text{ mit } \begin{cases} j_i = \epsilon^2 & |\hat{e}_i| \geq \epsilon \\ j_i = \hat{e}_i^2 & |\hat{e}_i| < \epsilon \end{cases} \tag{2.13}$$

minimiert. Damit gehen Punkte innerhalb des Toleranzbereichs nicht mehr mit konstantem Gewicht in die Gütefunktion, sondern Punkte mit kleinerem Residuum bekommen ein stärkeres Gewicht, weshalb das MSAC-Verfahren in vielen Anwendungsfällen dem klassischen RANSAC-Verfahren überlegen ist.

Besonders in der Bildverarbeitung, wo die Anzahl der Ausreißer im Vergleich zu den Nutzdaten häufig sehr groß ist [*Torr und Murray* 1997; *Hartley und Zisserman* 2004], sind solche Verfahren weit verbreitet. Unter bestimmten Bedingungen lässt sich mit diesen Verfahren ein Bruchpunkt deutlich über 0,5 erzielen [*Rousseeuw und Leroy* 2003].

3 Landmarkenbasierte Lokalisierung

In diesem Kapitel werden Verfahren zur landmarkenbasierten Lokalisierung untersucht und daraus ein System für die Lokalisierung anhand von Bilddaten entwickelt.

Hierfür wird in Kapitel 3.1 zunächst die allgemeine Zielsetzung der landmarkenbasierten Lokalisierung diskutiert. Primäre Aufgabe der Lokalisierung ist die Bestimmung der Position und der Orientierung des Beobachters, bei der bildbasierten Lokalisierung der Kamera, anhand der beobachteten Landmarken. Die Lösung dieses Registrierungsproblems wird in Kapitel 3.2 behandelt. Dies erfordert außerdem Verfahren zur Bestimmung von Korrespondenzen zwischen Beobachtungen und der Karte, welche in Kapitel 3.3 diskutiert werden.

Ausgehend von diesen Verfahren wird in Kapitel 3.4 deren Anwendbarkeit für die bildbasierte Lokalisierung untersucht und anhand der Ergebnisse ein System für die bildbasierte Lokalisierung von Straßenfahrzeugen abgeleitet.

Vorbemerkungen

Ziel dieses Kapitels ist der Entwurf eines Verfahrens zur Bestimmung von Position und Orientierung der Kamera aus den beobachteten Landmarken für einen Zeitschritt. Die mit diesem Verfahren bestimmte Kamerapose dient als Beobachtung für die Schätzung und zeitliche Verfolgung des Fahrzeugzustands, welche in Kapitel 5 vorgestellt wird.

Zunächst wird hierfür eine Lösung für die landmarkenbasierte Lokalisierung formuliert, welche nur allgemeine Randbedingungen an die beobachteten Landmarken stellt und damit nicht auf eine bestimmte Art von Landmarken festgelegt ist. In Kapitel 3.4 wird daraus ein Verfahren für die bildbasierte Lokalisierung anhand von Fahrbahnmarkierungen abgeleitet, das auch mit sehr ähnlichen Landmarken und einer sehr regelmäßigen Anordnung der Landmarken zurechtkommt. Die Extraktion dieser Landmarken aus den Bildern der Fahrzeugkamera sowie die Erstellung einer Landmarkenkarte aus Luftbildern werden anschließend im Kapitel 4 vorgestellt.

Im Rahmen dieses Kapitels wird dabei aus Gründen der Lesbarkeit der Beobachter durchgängig als „Kamera" bezeichnet, grundsätzlich ist das vorgestellte Verfahren aber nicht auf einen bestimmten Sensor beschränkt.

Ausgangspunkt für die landmarkenbasierte Lokalisierung ist eine digitale Karte $\mathcal{L}$, die aus den N Landmarken $\mathbf{l}_k$ besteht,

$$\mathcal{L} = \{\mathbf{l}_1, \mathbf{l}_2, \ldots, \mathbf{l}_N\} \,, \tag{3.1}$$

sowie die K im Fahrzeug beobachteten Landmarken $\mathbf{m}_j$,

$$\mathcal{M} = \{\mathbf{m}_1, \mathbf{m}_2, \ldots, \mathbf{m}_K\} \,. \tag{3.2}$$

Die mit einer Beobachtung $\mathbf{m}_j$ korrespondierende Landmarke $\mathbf{l}_k$ in der Karte wird mit $\mathbf{c}_j$ bezeichnet, mit $\mathbf{c}_j \in \{\mathbf{l}_1, \mathbf{l}_2, \ldots, \mathbf{l}_N\}$. Die K Korrespondenzen werden zusammengefasst in der Korrespondenzmenge

$$\mathcal{C} = \{\mathbf{c}_1, \mathbf{c}_2, \ldots, \mathbf{c}_K\} \,. \tag{3.3}$$

Jede Landmarke in der Karte ist beschrieben durch ihre Position im Weltkoordinatensystem $\mathbf{x}_{\mathbf{l}_k}^{\mathrm{W}}$ und durch einen Merkmalsvektor $\mathbf{f}_{\mathbf{l}_k}$,

$$\mathbf{l}_k = \left(\mathbf{x}_{\mathbf{l}_k}^{\mathrm{W}}, \mathbf{f}_{\mathbf{l}_k} \right)^{\mathrm{T}} . \tag{3.4}$$

Der Merkmalsvektor besteht aus vorgegebenen charakteristischen Eigenschaften der Landmarken, welche sich aus Bilddaten bestimmen lassen, beispielsweise Form, Größe oder Erscheinungsbild der Landmarken.

Entsprechend ist jede beobachtete Landmarke beschrieben durch ihre Position im Kamerakoordinatensystem $\mathbf{x}_{\mathbf{m}_j}^{\mathrm{K}}$ und einen Merkmalsvektor $\mathbf{f}_{\mathbf{m}_j}$,

$$\mathbf{m}_j = \left(\mathbf{x}_{\mathbf{m}_j}^{\mathrm{K}}, \mathbf{f}_{\mathbf{m}_j} \right)^{\mathrm{T}} . \tag{3.5}$$

Schließlich wird noch vorausgesetzt, dass für eine gegebene Position und Orientierung der Kamera $\mathbf{z}$ die einzelnen Beobachtungen $\mathbf{m}_j$ statistisch unabhängig voneinander sind, so dass sich jeder Beobachtung eine eigene Messunsicherheit $\boldsymbol{\Sigma}_{\mathbf{m}_j}$ zuordnen lässt.

Analog werden auch die einzelnen Landmarken $\mathbf{l}_k$ in der Karte als statistisch unabhängig voneinander modelliert mit der jeweiligen Messunsicherheit $\boldsymbol{\Sigma}_{\mathbf{l}_k}$.

3.1 Struktur einer landmarkenbasierten Lokalisierung

Ziel einer landmarkenbasierten Lokalisierung ist die Bestimmung der eigenen Position aus den beobachteten geometrischen Beziehungen zu einer Reihe von markanten Objekten. Dies erfolgt über den Vergleich der beobachteten Szene mit einer bekannten Umgebungsrepräsentation in Form einer digitalen Karte.

Häufig ist eine eindeutige Zuordnung von Landmarken der Szene zu Landmarken in der Karte nicht möglich, insbesondere wenn mehrere Landmarken ein sehr ähnliches Erscheinungsbild besitzen. In der Regel muss für die landmarkenbasierte Lokalisierung daher zunächst dieses Assoziationsproblem gelöst werden.

Im Folgenden werden hierzu drei Lösungsansätze diskutiert:

- *Geschlossene Maximum Likelihood Schätzung* der Position und der Korrespondenzen.

- *Iterative Maximum Likelihood Schätzung*, also abwechselnde Bestimmung der optimalen Korrespondenzen und der optimalen Position.

- *Iterative Maximum A Posteriori Schätzung*, bei welcher die Position zum vorangegangenen Zeitpunkten als A-Priori-Information verwendet wird.

Grundlage für die folgenden Überlegungen bildet die Auftretenswahrscheinlichkeit einer bestimmten Kombination aus Beobachtungen $\mathcal{M}$ und Korrespondenzen $\mathcal{C}$, wobei die Landmarkenkarte $\mathcal{M}$ als deterministisch bekannt und korrekt vorausgesetzt wird. Für einen gegebenen Zustandsvektor $\mathbf{z}$, in der Regel bestehend aus Position und Orientierung der Kamera sowie gegebenenfalls weiteren Zustandsgrößen, ist diese Wahrscheinlichkeit allgemein gegeben durch

$$\mathrm{p}(\mathcal{M},\mathcal{C}|\mathbf{z}) = \mathrm{p}(\mathcal{M}|\mathcal{C},\mathbf{z}) \cdot \mathrm{p}(\mathcal{C}|\mathbf{z}) \, . \tag{3.6}$$

Maximum Likelihood Schätzung mit bekannten Korrespondenzen

Für eine gegebene Kombination aus Beobachtungen $\mathcal{M}$ und Korrespondenzen $\mathcal{C}$ lässt sich aus der bedingten Wahrscheinlichkeit in Gleichung 3.6 ein Schätzwert für den unbekannten Kamerazustand $\mathbf{z}$ bestimmen. Die *Likelihood-Funktion*

$$\mathrm{L}(\mathbf{z}|\mathcal{M},\mathcal{C}) \, , \tag{3.7}$$

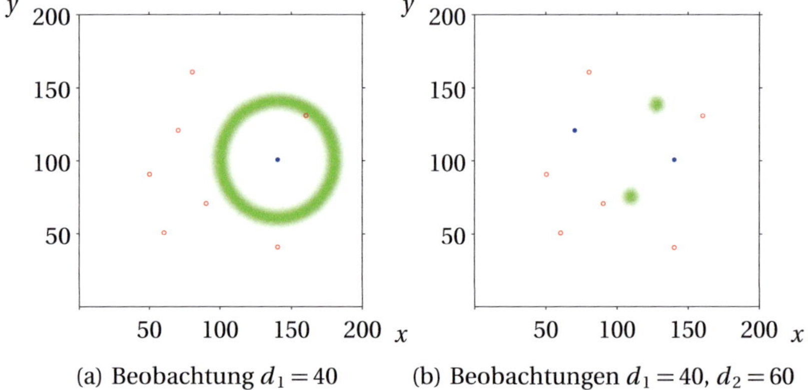

(a) Beobachtung $d_1 = 40$ (b) Beobachtungen $d_1 = 40$, $d_2 = 60$

Abbildung 3.1: Likelihood der Kameraposition bei der Lokalisierung mit bekannten Korrespondenzen. Rot: Nicht beobachtete Landmarken aus der Karte. Blau: Beobachtete Landmarken aus der Karte. Grün: Normierte Likelihood-Funktion. Dunklere Werte entsprechen größeren Likelihoods.

welche für gegebene Werte von $\mathcal{M}$ und $\mathcal{C}$ aus der Wahrscheinlichkeit $p(\mathcal{M}, \mathcal{C}|\mathbf{z})$ durch Variation von $\mathbf{z}$ entsteht, ist ein Maß dafür, wie gut ein Zustand die gegebenen Beobachtungen und Korrespondenzen erklärt. Der Zustand $\mathbf{z}$, für den diese Funktion maximal wird, ist der *Maximum Likelihood* Schätzwert des Kamerazustands.

Sind die Korrespondenzen exakt bekannt, lässt sich der Maximum Likelihood Schätzwert direkt bestimmen. Dieser Fall entspricht der Situation bei der satellitenbasierten Lokalisierung, bei welcher die zu den beobachteten Abständen gehörenden Satelliten stets bekannt sind.

Abbildung 3.1 veranschaulicht die Likelihood-Funktion an einem vereinfachten Beispiel mit punktförmigen Landmarken, der x-y-Position als Zustandsvektor und dem Abstand d_i der Landmarken als Beobachtungen. Abbildung 3.1(a) zeigt den Fall für genau eine beobachtete Landmarke, bei welchem sich die Positionen mit der höchsten Likelihood auf einem Kreis mit Radius d_1 um die beobachtete Landmarke befinden. In Abbildung 3.1(b) ist die Likelihood dargestellt, wenn zusätzlich eine weitere Landmarke im Abstand d_2 beobachtet wird.

Bereits in diesem Fall mit zwei Beobachtungen besitzt die Likelihood-Funktion nur noch zwei ausgeprägte Maxima, welche sich gut analytisch approximieren lassen. Dies lässt sich auf die Positionsbestimmung in N Dimensionen verallgemeinern, welche mindestens N Beobachtungen erfordert.

Für die Satellitenortung in 4 Dimensionen (3D-Position und Uhrenfehler) sind beispielsweise mindestens 4 Satelliten erforderlich. Von den beiden entstehenden Maxima wird dann das Maximum ausgewählt, das zwischen Satellitenumlaufbahn und Erdoberfläche liegt. Die Likelihood-Funktion an dieser Stelle wird dann üblicherweise durch eine Gauß-Funktion approximiert [*Titterton und Weston* 2004; *Wendel* 2007].

Maximum Likelihood Schätzung mit unbekannten Korrespondenzen

Falls keine Aussage über die Korrespondenzen zwischen Karte und Beobachtungen getroffen werden kann, ist ein naheliegender Ansatz die Überprüfung sämtlicher $K \cdot N$ denkbaren Korrespondenzhypothesen C_i. Dabei wird jede Hypothese unabhängig von den Beobachtungen $\mathcal{M}$ und dem Zustandsvektor $\mathbf{z}$ als gleich wahrscheinlich angenommen mit $p(C_i|\mathbf{z}) = p(C_i) = \frac{1}{K \cdot N}$. Der Maximum Likelihood Schätzwert ergibt sich dann aus der Randverteilung

$$p(\mathcal{M}|\mathbf{z}) = \sum_i p(\mathcal{M}|C_i, \mathbf{z}) \cdot p(C_i) \tag{3.8}$$

$$= \frac{1}{K \cdot N} \cdot \sum_i p(\mathcal{M}|C_i, \mathbf{z}) . \tag{3.9}$$

Abbildung 3.2 veranschaulicht die Likelihood-Funktion für diesen Fall. Abbildung 3.2(a) zeigt die Likelihood für eine einzige Beobachtung wenn die korrespondierende Landmarke in der Karte nicht bekannt ist. Abbildung 3.2(b) zeigt den Fall für zwei beobachtete Landmarken mit unbekannten Korrespondenzen.

Die wesentlichen Nachteile dieser Vorgehensweise sind zum einen der hohe Rechenaufwand bei der Bestimmung der Likelihood-Funktion, zum anderen ist die Funktion selbst in der Regel nicht analytisch darstellbar, so dass die Bestimmung des Maximums numerisch erfolgen muss. Am Beispiel in Abbildung 3.2 deutlich zu erkennen ist die große Zahl an Nebenmaxima der Likelihood-Funktion. Die Hinzunahme weiterer Beobachtungen kann diese zwar verringern, das absolute Maximum der Likelihood-Funktion für zwei Korrespondenzen in Abbildung 3.2(b) entspricht aber nicht dem Maximum für den Fall bekannter Korrespondenzen. Eine eindeutige Zustandsschätzung alleine über die Maximierung der Likelihood-Funktion wird daher in den seltensten Fällen erfolgreich sein.

Anstelle der Annahme gleicher Auftretenswahrscheinlichkeiten aller Korrespondenzhypothesen sind auch beliebige andere a-priori-Verteilungen $p(C_i)$ denkbar, beispielsweise die Bevorzugung eineindeutiger Zuordnungen. Diese

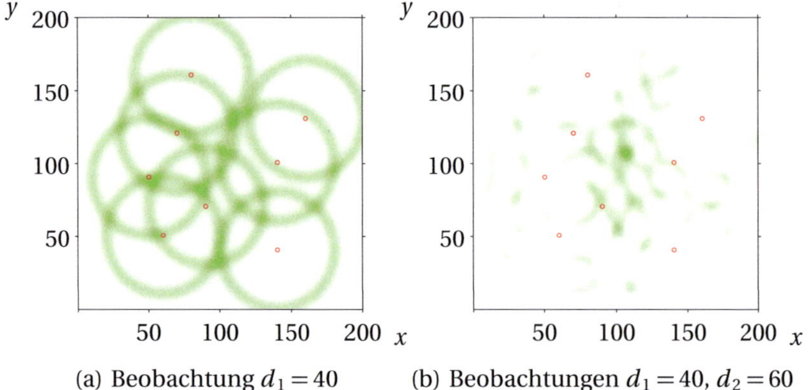

(a) Beobachtung $d_1 = 40$ (b) Beobachtungen $d_1 = 40$, $d_2 = 60$

Abbildung 3.2: Likelihood der Kameraposition bei der Lokalisierung mit unbekannten Korrespondenzen. Rot: Landmarken. Grün: Normierte Likelihood-Funktion. Dunklere Werte entsprechen größeren Likelihoods.

Annahme ist gerechtfertigt, wenn der verwendete Sensor für jede Landmarke eine einzige Beobachtung liefert. Auf diese Weise lässt sich die Zahl der Nebenmaxima zwar verringern, das grundsätzliche Problem der aufwändigen numerischen Berechnung bleibt aber bestehen.

Häufig lässt sich aber eine Aussage über die Likelihood der Korrespondenzen $L(\mathcal{C}|\mathcal{M})$ für gegebene Beobachtungen $\mathcal{M}$ treffen. Für gut unterscheidbare Landmarken besitzt diese Likelihood-Funktion ein eindeutiges Maximum, so dass daraus ein Maximum-Likelihood-Schätzwert für die unbekannten Korrespondenzen $\mathcal{C}$ bestimmt werden kann.

Ist dies nicht der Fall, kann unter Zuhilfenahme des Kamerazustands z aus der Likelihood $L(\mathcal{C}|\mathcal{M}, \mathbf{z})$ ein Maximum-Likelihood-Schätzwert für die Korrespondenzen bestimmt werden. Dies ist sogar gänzlich ohne Merkmalsvektor denkbar, aufgrund des erforderlichen Kamerazustands $\mathbf{z}$ aber nicht mehr geschlossen lösbar. Ausgehend von einer Anfangsschätzung des Kamerazustands ist jedoch eine iterative Bestimmung des Maximum-Likelihood-Schätzwertes mit dem *Expectation Maximization* Algorithmus [*Dempster et al.* 1977] möglich.

Im Expectation-Schritt wird dabei die für einen gegebenen Zustand $\mathbf{z}$ zu erwartende Korrespondenzmenge $\mathcal{C}_E$ bestimmt. Im Maximization-Schritt wird dann für diese Korrespondenzen das Maximum der Likelihood-Funktion $L(\mathbf{z}|\mathcal{M}, \mathcal{C}_E)$ bestimmt. Dies wird solange wiederholt, bis der Schätzwert für den Zustand $\mathbf{z}$ konvergiert.

Der Expectation Maximization Algorithmus ist zwar nachweislich konvergent, findet aber unter Umständen nur ein lokales Maximum der Likelihood-Funktion [*Wu* 1983].

Demgegenüber steht der Vorteil eines trotz der notwendigen Iterationen deutlich verringerten Rechenaufwands, da in jeder Iteration lediglich eine Korrespondenzhypothese ausgewertet werden muss.

Maximum A Posteriori Schätzung

Können vorab Annahmen über die Wahrscheinlichkeitsverteilung des Kamerazustands getroffen werden, lässt sich der *Maximum A Posteriori* Schätzwert als das Maximum der Funktion

$$p(\mathbf{z}|\mathcal{M},\mathcal{C}) = \frac{p(\mathcal{M},\mathcal{C}|\mathbf{z}) \cdot p(\mathbf{z})}{p(\mathcal{M},\mathcal{C})} \tag{3.10}$$

bestimmen.

Die A-Priori-Wahrscheinlichkeitsverteilung $p(\mathbf{z})$ des Zustands lässt sich beispielsweise über die Historie des Kamerazustands bestimmen.

Die Bestimmung der Verteilung $p(\mathcal{M},\mathcal{C}|\mathbf{z})$ kann analog zur Maximum Likelihood-Methode über den Expectation Maximization Algorithmus erfolgen, welcher sich für die Maximum A Posteriori Schätzung erweitern lässt [*Dempster et al.* 1977]. Die A-Priori-Verteilung des Zustands liefert dabei gleichzeitig den Anfangswert für den Expectation-Schritt.

3.2 Lokalisierung bei bekannten Korrespondenzen

Ist für jede von der Kamera beobachtete Landmarke $\mathbf{m}_j$ die zugehörige Landmarke $\mathbf{c}_j \in \mathcal{L}$ in der Karte bekannt, lässt sich aus den Korrespondenzen unmittelbar die Pose der Kamera im Weltkoordinatensystem bestimmen (vgl. Abbildung 3.3). Dies entspricht dem im vorherigen Kapitel besprochenen Fall bekannter Korrespondenzen mit der Kamerapose als Zustandsvektor, $\mathbf{z} = (x_K^W, y_K^W, z_K^W, \theta_K^W, \varphi_K^W, \psi_K^W)^T$.

Mit der zunächst unbekannten Translation $\mathbf{x}_K^W$ und Rotation $\mathbf{R}_K^W$ der Kamera im Weltkoordinatensystem sollte dann idealerweise die Bedingung

$$\mathbf{x}_{\mathbf{m}_j}^W = \mathbf{x}_{\mathbf{c}_j}^W = \mathbf{R}_K^W \cdot \mathbf{x}_{\mathbf{m}_j}^K + \mathbf{x}_K^W \tag{3.11}$$

für die Position $\mathbf{x}_{\mathbf{m}_j}$ aller K beobachteten Landmarken erfüllt sein.

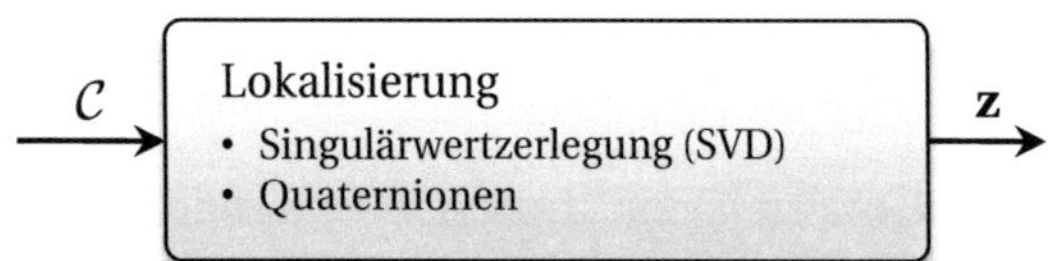

Abbildung 3.3: Schematischer Ablauf der Lokalisierung mit bekannten Korrespondenzen: Eingabe sind die Korrespondenzen, Ausgabe ist eine Schätzung der Kamerapose.

Aus dieser Bedingung lässt sich die optimale Translation und Rotation zwischen den beiden Punktmengen bestimmen, welche der gesuchten Position der Kamera im Weltkoordinatensystem entspricht. Die Lösung dieses Registrierungsproblems kann beispielsweise über die Methode der kleinsten Fehlerquadrate erfolgen, für welche im Bereich der Computergrafik zahlreiche Ansätze existieren.

Ein elegantes Verfahren zur Registrierung dreidimensionaler Objekte beschreiben [*Arun et al.* 1987], bei welchem die Transformation als eine Translation der Schwerpunkte der Landmarken und einer Rotation um diese Schwerpunkte bestimmt wird.

Neben diesem im Folgenden näher vorgestellten Verfahren existieren auch weitere Ansätze zur Bestimmung der optimalen Translation und Rotation, beispielsweise über Quaternionen [*Horn* 1987], duale Quaternionen [*Walker et al.* 1991] oder orthonormale Matrizen [*Horn et al.* 1988]. Ein bewertender Vergleich der Verfahren findet sich in [*Eggert et al.* 1997].

Unter der Voraussetzung einer starren Szene entspricht die Rotation der Landmarken um ihren gemeinsamen Schwerpunkt gerade der Rotation der Kamera $\mathbf{R}_K^W$ zum Weltkoordinatensystem. Für die Berechnung dieser Rotationsmatrix werden zunächst die Koordinaten der Landmarken $\mathbf{x}'_{\mathbf{m}_j}$ und $\mathbf{x}'_{\mathbf{c}_j}$ relativ zu den Schwerpunkten bestimmt als

$$\mathbf{x}'_{\mathbf{m}_j} = \mathbf{x}^K_{\mathbf{m}_j} - \frac{1}{K} \sum_{i=1}^{K} \mathbf{x}^K_{\mathbf{m}_i} \tag{3.12}$$

$$\mathbf{x}'_{\mathbf{c}_j} = \mathbf{x}^W_{\mathbf{c}_j} - \frac{1}{K} \sum_{i=1}^{K} \mathbf{x}^W_{\mathbf{c}_i}. \tag{3.13}$$

Die Rotation ergibt sich dann aus der *Singulärwertzerlegung* (engl. *Singular Value Decomposition, SVD*)

$$\mathbf{USV}^{\mathrm{T}} = \sum_{i=1}^{K} \mathbf{x}'_{\mathbf{m}_i} \cdot \mathbf{x}'^{\mathrm{T}}_{\mathbf{c}_i} \tag{3.14}$$

zu

$$\mathbf{R}^{\mathrm{W}}_K = \mathbf{V}\mathbf{U}^{\mathrm{T}} . \tag{3.15}$$

Die Singulärwertzerlegung löst das orthogonale Prokrustes-Problem [*Schönemann* 1966], findet also diejenige Rotationsmatrix, welche den quadratischen Fehler

$$\mathbf{e}^2 = \sum_{i=1}^{K} \left(\mathbf{x}'_{\mathbf{c}_i} - \mathbf{R}^{\mathrm{W}}_K \mathbf{x}'_{\mathbf{m}_i} \right)^2 \tag{3.16}$$

minimiert.

In seltenen Fällen kann das Ergebnis auch eine Spiegelmatrix sein, welche jedoch anhand ihrer Determinante erkannt und in eine Rotationsmatrix überführt werden kann [*Arun et al.* 1987].

Anhand der Rotationsmatrix und der Schwerpunktkoordinaten der beiden Punktmengen lässt sich mit Gleichung 3.11 noch die gesuchte Translation der Kamera zum Weltkoordinatensystem bestimmen als

$$\mathbf{x}^{\mathrm{W}}_K = \mathbf{R}^{\mathrm{W}}_K \cdot \frac{1}{K} \sum_{i=1}^{K} \mathbf{x}^{\mathrm{K}}_{\mathbf{m}_i} - \frac{1}{K} \sum_{i=1}^{K} \mathbf{x}^{\mathrm{W}}_{\mathbf{c}_i} . \tag{3.17}$$

Die resultierende Position der Kamera $\mathbf{x}^{\mathrm{W}}_K = (x^{\mathrm{W}}_K, y^{\mathrm{W}}_K, z^{\mathrm{W}}_K)^{\mathrm{T}}$ im Weltkoordinatensystem und die Rotationsmatrix $\mathbf{R}^{\mathrm{W}}_K$, beziehungsweise die entsprechenden Lagewinkel der Kamera θ^{W}_K, φ^{W}_K und ψ^{W}_K, stellen die Beobachtungen für die Zustandsschätzung des Fahrzeugs dar, welche in Kapitel 5 eingeführt wird.

3.3 Lokalisierung bei unbekannten Korrespondenzen

Im Unterschied zur satellitenbasierten Lokalisierung sind bei einer landmarkenbasierten Lokalisierung in der Regel die Korrespondenzen zwischen den von der Kamera beobachteten Landmarken $\mathbf{m}_j$ und den Landmarken $\mathbf{l}_k$ in der Karte nicht bekannt.

Für diesen Fall wurden in Kapitel 3.1 sowohl iterative als auch geschlossene Lösungsansätze diskutiert. Die Auswertung sämtlicher möglicher Korrespondenzen ist aufgrund des mit der Kartengröße N und der Anzahl Beobachtungen K mit $\mathcal{O}(N^K)$ steigenden Aufwands wenig praktikabel, weshalb zunächst anhand der Beobachtungen und gegebenenfalls einer vorhandenen Schätzung der Kamerapose die Korrespondenzen bestimmt und diese dann zur Bestimmung einer verbesserten Schätzung verwendet werden. Die Schätzung der Pose kann dabei analog zum in Kapitel 3.2 untersuchten Fall bekannter Korrespondenzen erfolgen.

Neben diesem Verfahren zur Bestimmung der Kamerapose erfordert die landmarkenbasierte Lokalisierung ein Verfahren für die zuverlässige Herstellung der Korrespondenzen. Oftmals ist die Lösung dieses Assoziationsproblems sogar schwieriger als die anschließende Bestimmung der Pose anhand dieser Korrespondenzen, insbesondere wenn aufgrund der Ähnlichkeit der Landmarken keine eindeutige Zuordnung möglich ist.

Im Folgenden werden unterschiedliche Ansätze zur Korrespondenzsuche untersucht. Dabei wird unterschieden zwischen Verfahren, die eine geschlossene, global optimale Lösung des Assoziationsproblems liefern, und solchen, bei denen iterativ eine Assoziationshypothese bestimmt und daraus eine verbesserte Schätzung der Pose gewonnen wird.

Von besonderem Interesse für die landmarkenbasierte Lokalisierung von Straßenfahrzeugen sind dabei Verfahren, die auch für eine große Zahl von Landmarken mit ähnlichen Eigenschaften eine gute Zuordnung erlauben.

3.3.1   Geschlossene Lösung des Assoziationsproblems

Dieses Kapitel behandelt Verfahren zur Bestimmung der Korrespondenzen $\mathcal{C}$ aus den beobachteten Landmarken $\mathcal{M}$, welche keine Anfangsschätzung der Kamerapose erfordern. Der schematische Ablauf von Korrespondenzsuche und Lokalisierung ist in Abbildung 3.4 dargestellt.

Eine elegante Möglichkeit für eine global optimale Assoziation ausschließlich anhand der Positionen $\mathbf{x}_{\mathbf{m}_j}^{\mathrm{K}}$ der beobachteten Landmarken und $\mathbf{x}_{\mathbf{l}_k}^{\mathrm{W}}$ der Landmarken in der Karte bieten graphenbasierte Verfahren, beispielsweise *Probabilistic Graph Matching* [*Caetano et al.* 2006].

Hierfür werden sowohl die Landmarkenkarte als auch die beobachteten Landmarken in Graphen überführt, welche die geometrischen Beziehungen zwischen den Landmarken abbilden. Der aus den Beobachtungen erstellte Graph

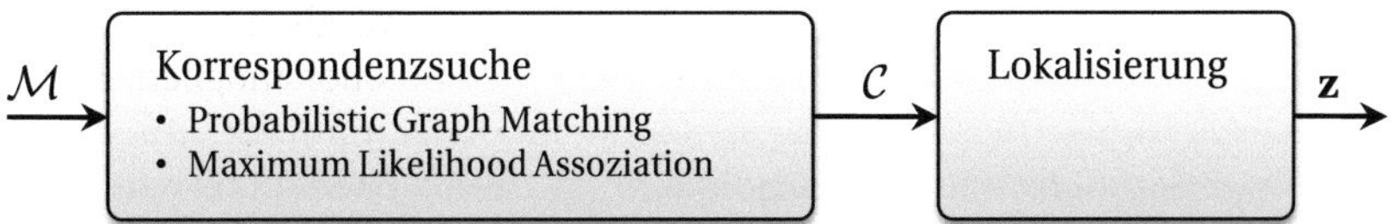

Abbildung 3.4: Schematischer Ablauf der Lokalisierung mit unbekannten Korrespondenzen: Eingabe sind die beobachteten Landmarken, Ausgabe ist eine Schätzung der Kamerapose.

wird nun mit der Landmarkenkarte verglichen, um den optimal übereinstimmenden Teilgraph der Landmarkenkarte zu ermitteln. Aus diesem ergeben sich dann die Korrespondenzen zwischen Beobachtungen und Karte.

Wesentlicher Vorteil dieses Verfahrens ist, dass es die Landmarken nicht unabhängig voneinander betrachtet, sondern auch die Beziehungen zwischen den Landmarken zur Korrespondenzsuche nutzt. Außer der Position der Landmarken ist kein weiterer Merkmalsvektor erforderlich, so dass die Herstellung von Korrespondenzen auch für Landmarken mit identischem Erscheinungsbild möglich ist.

Demgegenüber steht der Nachteil eines sehr großen Rechenaufwands und Speicherbedarfs bei der Suche des optimalen Teilgraphen. Dies macht eine Partitionierung der Landmarkenkarte schon für wenige hundert Landmarken erforderlich, wodurch die globale Optimalität der Lösung verloren geht.

Eine weitere wichtige Klasse von Verfahren zur Korrespondenzsuche sind die Varianten der probabilistischen Datenassoziation (engl. *Probabilistic Data Association, PDA*). Insbesondere in der Robotik weit verbreitet ist die *Maximum Likelihood Assoziation (MLPDA)* [*Thrun et al.* 2005]. Jeder beobachteten Landmarke $\mathbf{m}_j$ wird dabei diejenige Landmarke $\mathbf{l}_k$ in der Karte zugeordnet, deren Merkmalsvektor $\mathbf{f}_{\mathbf{l}_k}$ die minimale *Mahalanobis-Distanz* [*Bishop* 2007]

$$d(\mathbf{f}_{\mathbf{l}_k}, \mathbf{f}_{\mathbf{m}_j}) = \sqrt{(\mathbf{f}_{\mathbf{l}_k} - \mathbf{f}_{\mathbf{m}_j})^\mathrm{T} \Sigma_\mathbf{f}^{-1} (\mathbf{f}_{\mathbf{l}_k} - \mathbf{f}_{\mathbf{m}_j})} \tag{3.18}$$

zum Merkmalsvektor $\mathbf{f}_{\mathbf{m}_j}$ der beobachteten Landmarke besitzt. Die Kovarianzmatrix $\Sigma_\mathbf{f}$ beinhaltet dabei sowohl die Messunsicherheiten der beobachteten Landmarken im Kamerabild als auch die Unsicherheiten der Landmarken in der Karte.

Ein weiterer bekannter Vertreter dieser Klasse ist die *Joint Probabilistic Data Association (JPDA)* [*Bar-Shalom und Li* 1993], welche zur Korrespondenzsuche neben der minimalen Mahalanobis-Distanz für die Einzelbeobachtungen weitere Randbedingungen an die Gesamtheit der Beobachtungen stellt. Häufig ist dies beispielsweise die Forderung einer eineindeutigen Zuordnung, dass also der verwendete Sensor für jede Landmarke genau eine Beobachtung liefert, und jede Beobachtung genau einer Landmarke der Karte zugeordnet werden kann.

Ein wesentlicher Nachteil der Datenassoziation über den Merkmalsvektor $\mathbf{f}$ ist, dass Landmarken innerhalb der gesamten Karte möglichst eindeutig sein müssen, um eine korrekte Zuordnung zu erreichen. Dies ist gerade bei Karten von großen Gebieten nicht immer der Fall, was gegebenenfalls eine Partitionierung der Karte erforderlich macht.

Abhilfe für den Fall mehrdeutiger Landmarken kann dann die Hinzunahme der Landmarkenpositionen zum Merkmalsvektor sein, also die Minimierung von

$$d(\mathbf{f}_{\mathbf{l}_k}, \mathbf{f}_{\mathbf{m}_j}, \mathbf{x}_{\mathbf{l}_k}^{\mathrm{W}}, \mathbf{x}_{\mathbf{m}_j}^{\mathrm{W}}) = \sqrt{(\mathbf{f}_{\mathbf{l}_k} - \mathbf{f}_{\mathbf{m}_j})^{\mathrm{T}} \Sigma_{\mathbf{f}}^{-1} (\mathbf{f}_{\mathbf{l}_k} - \mathbf{f}_{\mathbf{m}_j}) + (\mathbf{x}_{\mathbf{l}_k}^{\mathrm{W}} - \mathbf{x}_{\mathbf{m}_j}^{\mathrm{W}})^{\mathrm{T}} \Sigma_{\mathbf{x}}^{-1} (\mathbf{x}_{\mathbf{l}_k}^{\mathrm{W}} - \mathbf{x}_{\mathbf{m}_j}^{\mathrm{W}})} \,.$$

$$(3.19)$$

Da die Bestimmung der Positionen der beobachteten Landmarken in Weltkoordinaten eine vorherige Schätzung der Kamerapose erfordert, ist diese Zuordnung nicht mehr geschlossen lösbar. Sie bildet daher die Grundlage für die im folgenden Kapitel vorgestellten iterativen Verfahren.

3.3.2 Iterative Lösung des Assoziationsproblems

Oftmals lässt sich die Qualität der Zuordnungen zwischen Landmarkenkarte und beobachteten Landmarken deutlich erhöhen, wenn neben den Merkmalen der Landmarken auch ein Schätzwert der Kamerapose für die Zuordnung genutzt werden kann.

Da dieser vorab nicht bekannt ist, erfordern diese Verfahren eine iterative Herangehensweise, bei der zunächst die optimalen Korrespondenzen für eine gegebene Position und Orientierung der Kamera bestimmt werden und anschließend anhand der Korrespondenzen eine verbesserte Schätzung der Kamerapose ermittelt wird. Der schematische Ablauf dieses Verfahrens ist in Abbildung 3.5 veranschaulicht.

Mit dem Expectation Maximization Algorithmus wurde in Kapitel 3.1 bereits ein solches iteratives Verfahren in allgemeiner Form eingeführt. Die in diesem Kapitel untersuchte Korrespondenzsuche entspricht dabei der Bestimmung des Maximum Likelihood Schätzwerts von $\mathrm{L}(\mathcal{C}|\mathcal{M}, \mathbf{z})$.

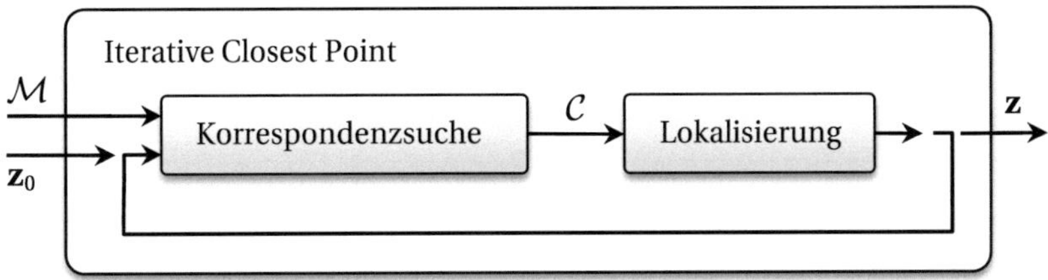

Abbildung 3.5: Schematischer Ablauf der iterativen Lokalisierung mit unbekannten Korrespondenzen: Eingabe sind die beobachteten Landmarken und eine Anfangsschätzung des Kamerapose, Ausgabe ist eine verbesserte Schätzung der Kamerapose.

Ein weiteres sehr einfaches, aber sehr verbreitetes Verfahren zur iterativen Schätzung der Pose ist der *Iterative Closest Point (ICP)* Algorithmus [*Zhang* 1992; *Besl und McKay* 1992], bei welchem ausgehend von einer Startschätzung der Kamerapose jeder beobachteten Landmarke die nächstgelegene Landmarke in der Karte zugeordnet wird, welche also den Euklidischen Abstand

$$d(\mathbf{x}_{\mathbf{l}_k}^{\mathrm{W}}, \mathbf{x}_{\mathbf{m}_j}^{\mathrm{W}}) = \sqrt{(\mathbf{x}_{\mathbf{l}_k}^{\mathrm{W}} - \mathbf{x}_{\mathbf{m}_j}^{\mathrm{W}})^{\mathrm{T}}(\mathbf{x}_{\mathbf{l}_k}^{\mathrm{W}} - \mathbf{x}_{\mathbf{m}_j}^{\mathrm{W}})} \qquad (3.20)$$

minimiert. Anhand dieser Korrespondenzen wird dann, beispielsweise mit dem in Kapitel 3.2 vorgestellten Verfahren, eine verbesserte Schätzung der Pose bestimmt. Diese wird dann wiederum zur Korrespondenzsuche verwendet. Auf diese Weise wird die geschätzte Pose iterativ verbessert, bis der Schätzwert konvergiert.

Neben dieser allgemeinen Form des ICP-Algorithmus existieren zahlreiche Varianten und Verbesserungen, die beispielsweise andere Arten von Korrespondenzen verwenden [*Chen und Medioni* 1991], robuste Schätzer, wie die in Kapitel 2.3 eingeführten M-Schätzern oder RANSAC-Verfahren verwenden [*Chetverikov et al.* 2002; *Fontanelli et al.* 2007], oder andere Distanzmaße als den Euklidischen Abstand einsetzen [*Stewart* 2002; *Estépar et al.* 2004].

Lässt sich für die beobachteten Positionen der Landmarken auch eine Messunsicherheit angeben, bietet sich die Korrespondenzsuche anhand der Mahalanobis-Distanz

$$d(\mathbf{x}_{\mathbf{l}_k}^{\mathrm{W}}, \mathbf{x}_{\mathbf{m}_j}^{\mathrm{W}}) = \sqrt{(\mathbf{x}_{\mathbf{l}_k}^{\mathrm{W}} - \mathbf{x}_{\mathbf{m}_j}^{\mathrm{W}})^{\mathrm{T}}\mathbf{\Sigma}_{\mathbf{x}}^{-1}(\mathbf{x}_{\mathbf{l}_k}^{\mathrm{W}} - \mathbf{x}_{\mathbf{m}_j}^{\mathrm{W}})} \qquad (3.21)$$

an, welche auch die Unsicherheit der Beobachtungen berücksichtigt.

Wurde neben der Position der Landmarken auch ein Merkmalsvektor bestimmt, lässt sich dies erweitern auf die bereits in Kapitel 3.3.1 diskutierte iterative Maximum Likelihood Assoziation, also die Minimierung der kombinierten Mahalanobis-Distanz in Gleichung 3.19.

Die bisher genannten Verfahren unterscheiden sich von der ursprünglichen Formulierung des ICP-Algorithmus lediglich in der Wahl des Distanzmaßes, ordnen aber jeder beobachteten Landmarke genau eine Landmarke der Karte zu. Dies hat zur Folge, dass auch kleinste Änderungen der geschätzten Pose zu einer sprunghaften Änderung der Korrespondenzen und damit des Gütekriteriums für die Bestimmung der Pose führen können. Das Gütekriterium besitzt daher eine große Zahl lokaler Minima, von denen sich der Schätzwert nicht oder nur sehr langsam weiter verbessert.

Wünschenswert ist hier vielmehr eine stetige Änderung des Gütekriteriums hin zum globalen Optimum. Dies lässt sich erreichen, indem die harte Zuordnung von einer Beobachtung zu einer Landmarke der Karte aufgehoben wird und Mehrfachkorrespondenzen erlaubt werden. Dazu wird jeder möglichen Korrespondenzhypothese ein Gewicht zugeordnet, welches beschreibt, wie wahrscheinlich diese Hypothese der Realität entspricht [*Rangarajan et al.* 1996]. Einen Spezialfall dieses Verfahrens stellt *Maximum Likelihood ICP* [*Chui und Rangarajan* 2000; *Granger et al.* 2001] dar, bei welchem als Gewichte die Likelihoods der Korrespondenzen verwendet werden.

Die festen 1:1-Korrespondenzen des ICP-Algorithmus lassen sich ebenfalls als Spezialfall dieser Zuordnung betrachten, bei welcher für jede Beobachtung genau einer Landmarke der Karte das Gewicht 1 gegeben wird.

3.4 Systementwurf für die bildbasierte Lokalisierung

Im Rahmen dieses Kapitels sollen die vorangegangenen Überlegungen auf den Entwurf einer bildbasierten Lokalisierung für Straßenfahrzeuge übertragen werden.

Ausgangspunkt für die Lokalisierung stellen beobachtete Landmarken dar, welche aus den Bildern der Fahrzeugkamera gewonnen werden können, sowie eine vorab erstellte Umgebungsrepräsentation in Form einer Landmarkenkarte. Dabei wird allgemein davon ausgegangen, dass sowohl die beobachteten Landmarken im Kamerabild als auch die Landmarken in der Karte durch ihre Position und einen Merkmalsvektor charakterisiert sind.

Als Landmarken werden dabei Fahrbahnmarkierungen verwendet, deren Merkmalsvektor sich aus Länge, Breite und Orientierung der Markierung zusammensetzt. Die Bestimmung dieser Landmarken und die Erstellung der Karte aus den Bilddaten werden in Kapitel 4 diskutiert.

Unter Berücksichtigung der in Kapitel 1.2 formulierten allgemeinen Ziele lassen sich für den Entwurf des Lokalisierungsverfahrens folgende Anforderungen angeben:

- Das Verfahren muss ausgelegt sein für *ausgedehnte Szenen* und damit eine große Zahl an Landmarken in der Karte.

- Möglichst *geringe Komplexität* des Verfahrens, um die geforderte Echtzeitfähigkeit für den Einsatz im Fahrzeug sicherzustellen.

- Berücksichtigung von *Mehrdeutigkeiten* der Merkmalsvektoren. Diese sind einerseits bedingt durch die ausgedehnte Szene, andererseits durch die große Ähnlichkeit der verwendeten Fahrbahnmarkierungen zueinander. Eine eindeutige Bestimmung der Korrespondenzen ist somit in der Regel nicht möglich.

- *Robuste Verfahren* zur Bestimmung der Kamerapose. Das Ergebnis der Schätzung sollte durch fälschlich detektierte Landmarken möglichst wenig beeinflusst werden. Insbesondere muss das Verfahren zur Bestimmung der Pose aber aufgrund der Mehrdeutigkeit der Landmarken mit einer großen Zahl an fehlerhaften Zuordnungen zurechtkommen.

- Getrennter Entwurf der Verfahren zur Bestimmung der Kamerapose aus den Landmarken und zur Schätzung und zeitlichen Verfolgung des Fahrzeugzustands. Dieses Kapitel behandelt nur die *Lokalisierung für einen Zeitschritt*; die zeitliche Verfolgung wird in Kapitel 5 diskutiert.

Aufgrund der Forderung nach Echtzeitfähigkeit in Verbindung mit der Lokalisierung in einer sehr ausgedehnten Szene ist der Einsatz eines global optimierenden Verfahrens, das ohne Vorgabe einer Hypothese für die Kamerapose auskommt, nicht praktikabel.

Daher soll ein Verfahren eingesetzt werden, das eine vorgegebene Schätzung der Kamerapose als A-Priori-Information verwendet und anhand dieser und der beobachteten Landmarken einen verbesserten Schätzwert bestimmt. Der Schätzwert wird anschließend als neue Beobachtung für die rekursive Bestimmung des Fahrzeugzustands eingesetzt.

Diese A-Priori-Information kann beispielsweise aus dem prädizierten Schätzwert eines *Bayesschen Schätzers* gewonnen werden, wie er für die zeitliche Verfolgung des Fahrzeugzustands eingesetzt werden soll (vgl. Kapitel 5). Abhängig vom verwendeten Schätzverfahren lassen sich damit beliebige Wahrscheinlichkeitsverteilungen abbilden, so dass eine global optimale Schätzung mit dem hier vorgestellten Verfahren grundsätzlich denkbar ist [*Thrun et al.* 2000]. Dazu kann beispielsweise für mehrere Hypothesen des Fahrzeugzustands ein Schätzwert mit dem in diesem Kapitel vorgestellten Lokalisierungsverfahren bestimmt werden, aus denen sich wiederum eine neue Wahrscheinlichkeitsverteilung für den Fahrzeugzustand ergibt.

Ziel dieses Kapitels ist die robuste Bestimmung eines Schätzwerts für die Kamerapose anhand einer Reihe von beobachteten Landmarken und einer ungefähren Anfangsschätzung der Kamerapose, beispielsweise aus vorangegangenen Zeitschritten. Aufgrund der mehrdeutigen Korrespondenzen erfordert dies ein iteratives Verfahren, welches anhand der vorgegebenen Pose zunächst Korrespondenzhypothesen der Landmarken herstellt und diese zur Bestimmung einer verbesserten Schätzung der Pose verwendet. Den Ausgangspunkt hierfür bildet das in Kapitel 3.3 vorgestellte Iterative Closest Point Verfahren. Im Folgenden werden robuste Erweiterungen dieses Verfahrens auf ihre Eignung für die bildbasierte Lokalisierung untersucht.

3.4.1 Bestimmung der Kamerapose

Für die Bestimmung der Kamerapose aus gegebenen Korrespondenzen muss bei der bildbasierten Lokalisierung davon ausgegangen werden, dass eine große Zahl an Landmarken fehlerhaft zugeordnet wurde. Solche Ausreißer entstehen zum einen, wenn sich Landmarken anhand ihrer Eigenschaften nicht eindeutig zuordnen lassen, zum anderen durch fälschlich detektierte Landmarken, welche bei der Bildverarbeitung auftreten können. Durch den Einsatz eines robusten Schätzverfahrens lassen sich die Auswirkungen solcher Ausreißer auf das Ergebnis der Schätzung deutlich verringern.

In diesem Kapitel werden die in Kapitel 2.3 eingeführten Schätzer auf ihre Eignung für die iterative Bestimmung der Kamerapose untersucht. Dazu wird zunächst die Korrespondenzsuche über den Euklidischen Abstand des ICP-Algorithmus beibehalten und, anstelle der in Kapitel 3.2 vorgestellten Optimierung eines quadratischen Gütekriteriums, ein robustes Verfahren zur Schätzung der Pose verwendet.

Im Folgenden werden die unterschiedlichen Verfahren an einem vereinfachten Beispiel mit künstlich erzeugten Daten näher untersucht und verglichen.

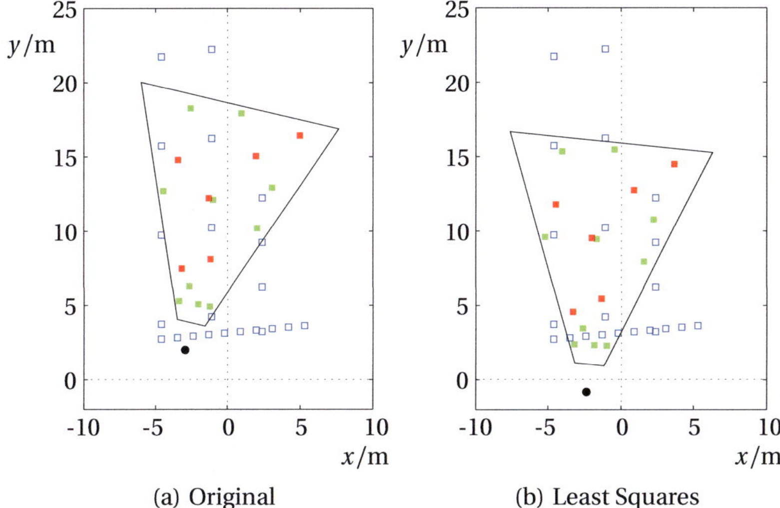

Abbildung 3.6: Beispielhaftes Szenario zur Untersuchung der landmarkenbasierten Lokalisierung. Blau: Landmarken in der Karte. Grün: Rauschbehaftete Beobachtungen der Fahrzeugkamera, welche tatsächlich in der Karte vorhanden sind. Rot: Falschdetektionen der Fahrzeugkamera. Schwarz: Kameraposition und angenommenes Sichtfeld der Kamera. Die optimale Kameraposition liegt bei $(0,0)^T$. (a): Beispiel für eine zufällige Ausgangspose für die Lokalisierung. (b): Resultierende Pose nach der Optimierung mit einem quadratischen Gütekriterium.

Abbildung 3.6(a) zeigt das verwendete Beispiel einer Landmarkenkarte, sowie die angenommenen Beobachtungen der Fahrzeugkamera. Die Lokalisierung erfolgt dabei in der Ebene und ausschließlich anhand der Positionen der Landmarken.

Die Beobachtung der Fahrzeugkamera besteht aus 10 in der Karte vorhandenen Landmarken, deren Position mit $\sigma = 0,1\,\mathrm{m}$ verrauscht ist, sowie 6 Ausreißern, also beobachteten Landmarken, die in der Karte nicht vorhanden sind. Die Abstände der Landmarken in der Karte, der angenommene Bildausschnitt der Fahrzeugkamera, sowie das Beobachtungsrauschen sind dabei so gewählt, dass sie realistischen Werten des tatsächlichen Systems entsprechen.

Die iterative Bestimmung der Pose wurde mit diesem Szenario für 100 zufällig gewählte Anfangsposen mit einer maximalen Orientierungsabweichung von

$\pm 10°$ und einer maximalen Positionsabweichung von $4\,\mathrm{m}$ mit verschiedenen robusten Schätzverfahren durchgeführt. Bei Verwendung des Standard-ICP-Verfahrens mit einem quadratischen Gütemaß ergibt sich bei der Anfangspose aus Abbildung 3.6(a) beispielsweise die Schätzung der Pose in Abbildung 3.6(b).

Die resultierenden Positionsschätzungen der verschiedenen Verfahren für alle 100 Anfangsposen sind in Abbildung 3.7 dargestellt. Die Einstellparameter der robusten Schätzer wurden dabei anhand des bekannten Beobachtungsrauschens gewählt. Für Optimierung mit der Huber-Funktion und der Biweight-Funktion wurde $\kappa = 3\sigma = 0{,}3\,\mathrm{m}$ gesetzt, für die Schranke ϵ des RANSAC- und des MSAC-Verfahrens ein Wert von $\epsilon = 0{,}3\,\mathrm{m}$.

Bei allen Verfahren deutlich erkennbar sind die lokalen Minima der Optimierung, welche aufgrund der Regelmäßigkeit der Szene und der fehlenden Unterscheidbarkeit der verwendeten Landmarken bereits zu erwarten war. Die Optimierung mit einem quadratischen Gütekriterium (Abbildung 3.7(a)) liefert in y-Richtung zwar gute Schätzwerte für die Position, in x-Richtung sind die Schätzwerte aber breit gestreut. Die Ursache hierfür sind die dicht beieinander liegenden Landmarken mit gleichem Abstand im unteren Bereich der betrachteten Szene, wie sie in der Realität beispielsweise bei der Markierung von Radwegen oder Fußgängerwegen auftreten.

Die M-Schätzer (Abbildungen 3.7(b) bis 3.7(d)) liefern hier durchweg bessere Ergebnisse. Die Nebenmaxima sind zwar weiter zu erkennen, 50 der 100 Schätzungen liegen aber weniger als $1\,\mathrm{m}$ von der tatsächlichen Position entfernt. Die besten Ergebnisse lassen sich mit RANSAC-basierten Schätzern (Abbildungen 3.7(e) und 3.7(f)) erzielen, mit einer weiteren Verringerung der Nebenmaxima und über 70 von 100 Schätzungen, die näher als $1\,\mathrm{m}$ an der tatsächlichen Position liegen.

In Tabelle 6.4 sind diese Ergebnisse für eine größere Zahl an Experimenten quantitativ zusammengestellt. Der Anteil an korrekten Positionsschätzungen, also mit einem Abstand von weniger als $d = 1\,\mathrm{m}$ von der tatsächlichen Position, ist bei allen M-Schätzern mit etwa 44% vergleichbar und damit deutlich höher als bei der quadratischen Optimierung. Ebenso verringert sich die Standardabweichung $\sigma_{d,\mathrm{in}}$ des Abstands von der tatsächlichen Position und $\sigma_{\psi,\mathrm{in}}$ der Orientierungsdifferenz zur tatsächlichen Orientierung. Sowohl RANSAC als auch MSAC erzielen nochmals bessere Ergebnisse. Beide erreichen einen ähnlichen Prozentsatz an korrekten Schätzungen, wobei die Genauigkeit des MSAC-Verfahrens erwartungsgemäß geringfügig besser ausfällt als die des RANSAC-Verfahrens.

Die resultierenden Positionsschätzungen für die beispielhafte Ausgangspose aus Abbildung 3.6(a) für die Biweight-Funktion und für das MSAC-Verfahren

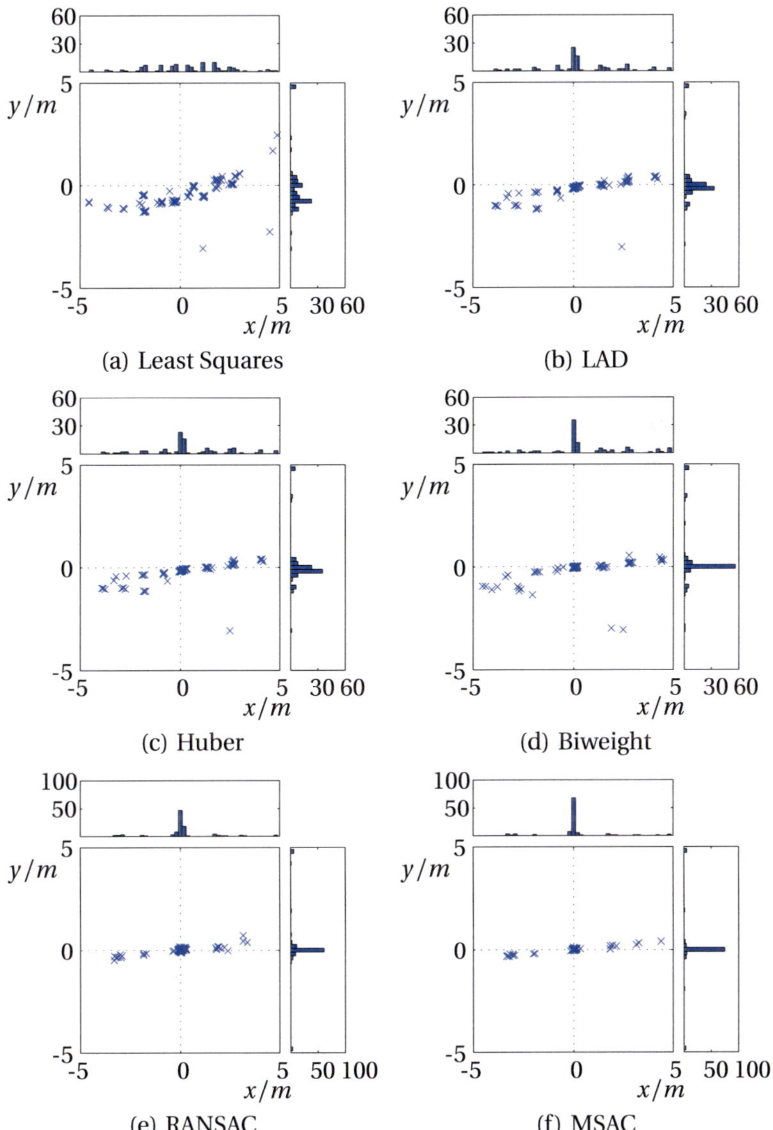

Abbildung 3.7: Resultierende Positionsschätzungen bei Verwendung unterschiedlicher robuster Schätzer für 100 zufällig gewählte Ausgangsposen mit einer maximalen Orientierungsabweichung von $\pm10°$ und einer maximalen Positionsabweichung von 4 m. Die tatsächliche Position liegt bei $(0,0)^{\mathrm{T}}$.

	$d < 1\,\mathrm{m}$	$\sigma_{d,\mathrm{in}}/\mathrm{m}$	$\sigma_{\psi,\mathrm{in}}/°$
Least Squares	26,2%	0,773	4,445
LAD	44,2%	0,347	2,157
Huber	43,7%	0,371	2,222
Biweight	45,1%	0,239	2,603
RANSAC	72,0%	0,144	1,860
MSAC	71,4%	0,111	1,283

Tabelle 3.1: Anteil an korrekten Positionsschätzungen ($d < 1\,\mathrm{m}$), Positionsabweichung $\sigma_{d,\mathrm{in}}$ und Orientierungsabweichung $\sigma_{\psi,\mathrm{in}}$ der Schätzungen für 1000 zufällig gewählte Ausgangsposen mit einer maximalen Orientierungsabweichung von $\pm 10°$ und einer maximalen Positionsabweichung von $4\,\mathrm{m}$ bei Verwendung unterschiedlicher robuster Schätzer.

sind in Abbildung 3.8 dargestellt. Beide Schätzwerte stimmen gut mit der tatsächlichen Position überein, die Ausreißer werden also von beiden Verfahren gut unterdrückt.

Der Verlauf des Schätzwerts über mehrere Iterationen bei Verwendung der M-Schätzer ist in Abbildung 3.9 für die Ausgangspose aus Abbildung 3.6(a) dargestellt. Alle drei untersuchten Verfahren erzielen einen deutlich besseren Schätzwert als das Least Squares Verfahren, wobei die Biweight-Funktion geringfügig schneller konvergiert.

Insgesamt lässt sich feststellen, dass die RANSAC-basierten Verfahren den M-Schätzern für diesen Anwendungsfall deutlich überlegen sind. Diese sind aufgrund ihres hohen Bruchpunktes auch bei sehr wenigen korrekten Korrespondenzen noch in der Lage, einen guten Schätzwert zu liefern. Der hohen Genauigkeit steht ein sehr großer Rechenaufwand gegenüber, da mit dem Anteil an erwarteten Ausreißer die Zahl der erforderlichen Stichproben rasch ansteigt.

Im Vergleich zu diesen Verfahren ist die Genauigkeit der Schätzung bei den M-Schätzern geringer. Die Anzahl der korrekten Schätzungen ist dennoch deutlich höher als bei der Schätzung mit quadratischem Gütekriterium, wobei der Rechenaufwand nur geringfügig höher ist als bei der quadratisch optimalen Schätzung und wesentlich geringer als bei Verwendung eines RANSAC-basierten Verfahrens.

Aus diesem Grund wird für die bildbasierte Lokalisierung ein kombinierter Ansatz aus beiden Verfahren vorgeschlagen. Zunächst werden zur Bestimmung der Pose einige Iterationen mit einem M-Schätzer durchgeführt. Das Ergebnis ist ein Schätzwert für die Pose, der in der Regel schon sehr nahe an der tat-

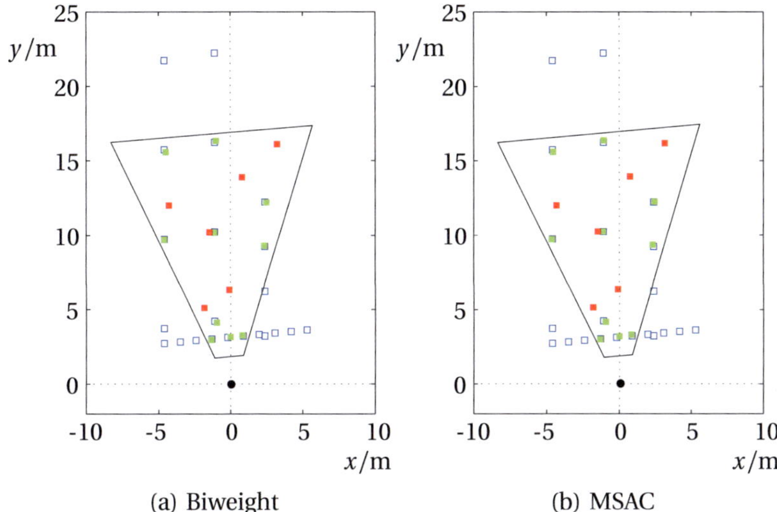

Abbildung 3.8: Ergebnisse der Lokalisierung für das Beispielszenario und die Ausgangspose in Abbildung 3.6(a). (a): Schätzung der Pose nach der Optimierung mit der Biweight-Funktion als Beispiel für einen M-Schätzer. (b): Resultierende Schätzung der Pose mit dem MSAC-Verfahren.

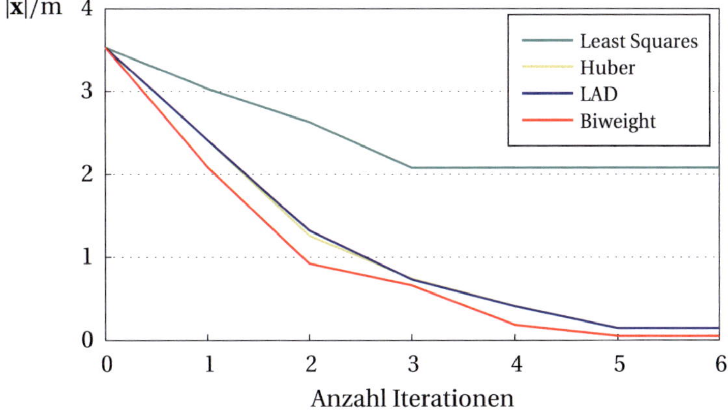

Abbildung 3.9: Verlauf der Positionsabweichung über mehrere Iterationen bei Verwendung verschiedener Gütefunktionen für die iterative Bestimmung der Pose.

sächlichen Pose liegt. Ausgehend von diesem Schätzwert wird dann das MSAC-Verfahren zur weiteren Verbesserung der Schätzung genutzt. Da die Anzahl der korrekten Zuordnungen für diese geschätzte Pose höher ist als für die Ausgangspose, kommt das MSAC-Verfahren mit einer wesentlich geringeren Zahl an zufällig gezogenen Stichproben aus. Das Ergebnis ist ein Verfahren, das bei deutlich verringertem Rechenaufwand dennoch den genauen Schätzwert des MSAC-Verfahrens erreicht.

3.4.2 Korrespondenzsuche

Basierend auf dem im vorangegangenen Kapitel vorgestellten Verfahren zur Bestimmung der Pose sollen nun Verfahren zur Korrespondenzsuche untersucht und ein geeignetes Verfahren für die videobasierte Lokalisierung gefunden werden.

In Kapitel 3.3 wurden bereits einige Erweiterungen für die Korrespondenzsuche vorgestellt. Am aussichtsreichsten für die landmarkenbasierte Lokalisierung erscheint hier Maximum Likelihood ICP, welches zur Korrespondenzsuche die Mahalanobis-Distanz verwendet und dabei Mehrfachzuordnungen zulässt, die mit ihrer jeweiligen Likelihood gewichtet werden. Dieses Verfahren wird im Folgenden mit der Assoziation anhand des Euklidischen Abstands und der Assoziation anhand der Mahalanobis-Distanz ohne Mehrfachzuordnungen verglichen.

Zunächst ist hierfür jedoch die zur Bestimmung der Mahalanobis-Distanz erforderliche Kovarianzmatrix der Beobachtungen Σ_x und gegebenenfalls Σ_f zu ermitteln. Diese setzt sich zusammen aus drei Einflussgrößen für Messunsicherheiten:

- *Unsicherheit der Landmarken in der Karte.* Dies sind vor allem Unsicherheiten der bestimmten Merkmalsvektoren. Beispielsweise lässt sich die Orientierung einer sehr kurzen Markierung nur sehr ungenau bestimmen.

- *Unsicherheit der beobachteten Landmarken im Kamerabild.* Diese vergrößern sich mit dem Abstand der Landmarke von der Kamera, einerseits aufgrund der Auflösung der Kamera, andererseits aufgrund der zunehmenden Ungenauigkeit bei der Tiefenrekonstruktion aus Stereobildern.

- *Unsicherheit der Schätzung der Kamerapose.* Diese stellt die maßgebliche Einflussgröße für die Positionsunsicherheiten dar. So führen beispielsweise kleinste Unsicherheiten in der Kameraorientierung zu großen Unsicherheiten bei der Position weit entfernter Landmarken.

Für die Untersuchung und Bewertung unterschiedlicher Verfahren zur Korrespondenzsuche soll wiederum das in Kapitel 3.4.1 eingeführte Beispiel mit künstlich erzeugten Daten verwendet werden. Die Korrespondenzsuche erfolgt dabei weiterhin nur anhand der Positionen in der Ebene, ein zusätzlicher Merkmalsvektor wird nicht verwendet.

Für die Bestimmung der Kamerapose aus den Korrespondenzen wird ein M-Schätzer mit der Biweight-Funktion als Gütekriterium angewendet, da mit dieser im vorangegangenen Kapitel die besten Ergebnisse erzielt wurden. Dies entspricht dem Zwischenergebnis des im vorangegangenen Kapitel vorgeschlagenen kombinierten Verfahrens ohne die abschließende Verbesserung des Schätzwerts mit dem MSAC-Verfahren. Da sich das Endergebnis des MSAC-Verfahrens bei ausreichend großer Zahl an Iterationen ohnehin ausschließlich aus korrekten Korrespondenzen berechnet, profitiert dieses Verfahren nicht von einer verbesserten Korrespondenzsuche und wird daher in diesem Kapitel nicht untersucht. Auf der anderen Seite lässt sich durch eine verbesserte Korrespondenzsuche auch die Anzahl der erforderlichen MSAC-Iterationen verringern.

Die Kovarianzmatrix der Fahrzeugposition und der Fahrzeugorientierung lassen sich aus der Gleichverteilung der zufällig gewählten Ausgangsposen ableiten. Die Kovarianzmatrix der Landmarken entspricht Gaußverteiltem Rauschen mit $\sigma = 0{,}1\,\mathrm{m}$, welches den Beobachtungen hinzugefügt wurde. Die Landmarken in der Karte werden als exakt bekannt angenommen.

Die resultierenden Kovarianzmatrizen für die Berechnung der Mahalanobis-Abstände der einzelnen Beobachtungen sind in Abbildung 3.10(b) als Ellipsen veranschaulicht. Ebenfalls dargestellt sind die resultierenden Zuordnungen anhand der Mahalanobis-Distanz. Die Korrespondenzen anhand des Euklidischen Abstands sind zum Vergleich in Abbildung 3.10(a) dargestellt.

Die resultierenden Positionsschätzungen für 100 zufällig gewählte Anfangsposen sind in Abbildung 3.11 dargestellt, quantitative Ergebnisse in Tabelle 3.2. Die Unterschiede bei der Genauigkeit der Positions- und Orientierungsschätzung sind dabei gering und vor allem auf die unterschiedliche Zahl der korrekten Positionsschätzungen zurückzuführen. So ist die Genauigkeit der korrekten Schätzungen bei der Verwendung des Euklidischen Abstands zwar am höchsten, gleichzeitig fällt die Zahl der korrekten Schätzungen hier am geringsten aus. Die besten Ergebnisse, sowohl mit der größten Zahl an korrekten Schätzungen als auch mit einer geringen Standardabweichung der korrekten Schätzung, erzielt die Kombination aus Mahalanobis-Distanz und Mehrfachzuordnung.

Auffällig ist, dass die Verwendung von Mehrfachzuordnungen das Endergebnis deutlich stärker beeinflusst als die Verwendung der Mahalanobis-Distanz. Diese hat dagegen einen großen Einfluss auf die Anzahl der erforderlichen Iteratio-

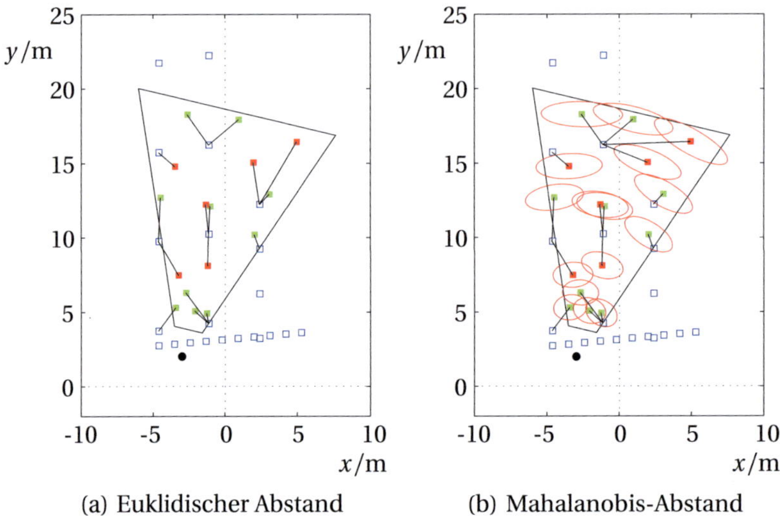

(a) Euklidischer Abstand   (b) Mahalanobis-Abstand

Abbildung 3.10: Beispiel für die Korrespondenzsuche. Für jede Beobachtung ist der nächste Nachbar in der Karte als schwarze Linie gekennzeichnet. (a): Euklidischer Abstand zur Korrespondenzsuche (b): Mahalanobis-Distanz zur Korrespondenzsuche. Die Unsicherheiten der einzelnen Beobachtungen sind als Ellipsen dargestellt.

	$d < 1\,\mathrm{m}$	$\sigma_{d,\mathrm{in}}/\mathrm{m}$	$\sigma_{\psi,\mathrm{in}}/°$
Euklidisch, Einfachzuordnung	45,1%	0,239	2,603
Euklidisch, Mehrfachzuordnung	38,1%	0,143	0,499
Mahalanobis, Einfachzuordnung	47,0%	0,238	2,012
Mahalanobis, Mehrfachzuordnung	54,1%	0,255	1,175

Tabelle 3.2: Anteil an korrekten Positionsschätzungen ($d < 1\,\mathrm{m}$), Positionsabweichung $\sigma_{d,\mathrm{in}}$ und Orientierungsabweichung $\sigma_{\psi,\mathrm{in}}$ der Schätzungen für 1000 zufällig gewählte Ausgangsposen mit einer maximalen Orientierungsabweichung von $\pm10°$ und einer maximalen Positionsabweichung von $4\,\mathrm{m}$ bei Verwendung unterschiedlicher Verfahren zur Korrespondenzsuche.

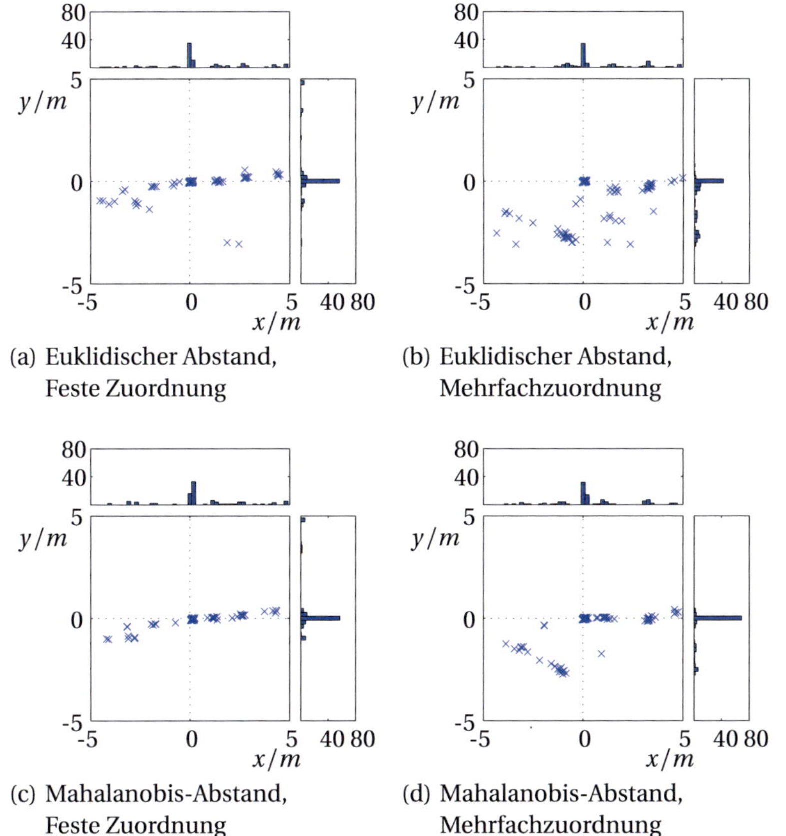

(a) Euklidischer Abstand,
Feste Zuordnung

(b) Euklidischer Abstand,
Mehrfachzuordnung

(c) Mahalanobis-Abstand,
Feste Zuordnung

(d) Mahalanobis-Abstand,
Mehrfachzuordnung

Abbildung 3.11: Resultierende Positionsschätzungen bei Verwendung unterschiedlicher Verfahren zur Korrespondenzsuche und eines M-Estimators zur Bestimmung der Pose für 100 zufällig gewählte Ausgangsposen mit einer maximalen Orientierungsabweichung von $\pm 10°$ und einer maximalen Positionsabweichung von 4 m. Die tatsächliche Position liegt bei $(0,0)^{\mathrm{T}}$.

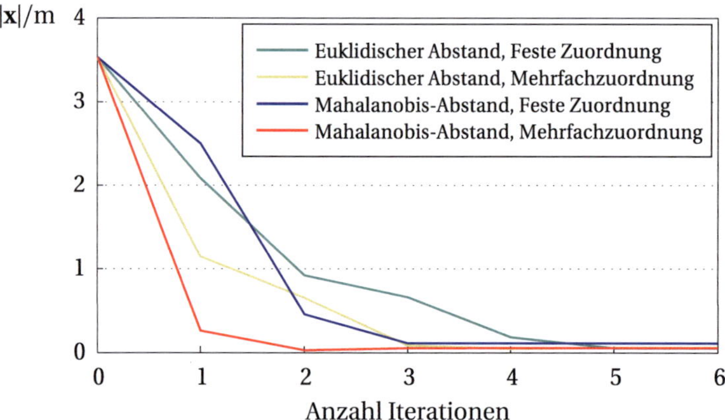

Abbildung 3.12: Verlauf der Positionsabweichung über mehrere Iterationen für verschiedene Verfahren zur Korrespondenzsuche.

nen, wie in Abbildung 3.12 zu erkennen ist. Sowohl mit festen Zuordnungen als auch mit Mehrfachzuordnungen führt der Einsatz der Mahalanobis-Distanz zu einer deutlich schnelleren Konvergenz des Schätzwerts. Die Kombination aus Mahalanobis-Distanz mit Mehrfachzuordnungen liefert für das gewählte Beispiel schon nach einer Iteration einen guten Schätzwert.

Zusammenfassend lässt sich festhalten, dass sich mit der Kombination aus Mahalanobis-Distanz und gewichteter Mehrfachzuordnung, entsprechend einem Maximum Likelihood ICP-Ansatz, die besten Resultate für eine landmarkenbasierte Lokalisierung erzielen lassen. Der höhere Rechenaufwand bei der Registrierung im Vergleich zu einem herkömmlichen ICP-Ansatz wird durch eine geringere Zahl an erforderlichen Iterationen kompensiert.

Analog kann die Verwendung der Mahalanobis-Distanz auch bei RANSAC-basierten Verfahren zu einer geringeren Zahl an erforderlichen Durchläufen führen, da in der Regel mehr Beobachtungen korrekt zugeordnet werden, und da bei der Bildung der Konsensmenge die Unsicherheit der Beobachtungen eingeht.

Ebenso lässt sich durch die Verwendung von mehr als einer Korrespondenz bei RANSAC-basierten Verfahren die Gesamtzahl der korrekten Schätzungen erhöhen, da mit größerer Wahrscheinlichkeit die Mindestanzahl von drei korrekten Zuordnungen in der Korrespondenzmenge enthalten ist. Gleichzeitig erhöht sich aber die Anzahl der Ausreißer und damit die Zahl der erforderlichen

Durchläufe erheblich, da zu jeder beobachteten Landmarke nur genau eine korrespondierende Landmarke in der Karte existiert. Ordnet man beispielsweise jeder Beobachtung zwei Landmarken in der Karte zu, besteht die Korrespondenzmenge mindestens zur Hälfte aus Ausreißern.

Eine Priorisierung bei der Auswertung der gezogenen Stichproben ähnlich des GOODSAC-Verfahrens [*Michaelsen et al.* 2006] kann hier helfen, die Zahl der erforderlichen Stichproben dennoch klein zu halten. Dazu werden diejenigen Hypothesen zuerst überprüft, die sehr wahrscheinlich keine Ausreißer enthalten, beispielsweise Hypothesen, deren Korrespondenzen ein sehr hohes Gewicht aufweisen. Bei gleichbleibender Genauigkeit der Schätzung lässt sich damit die Zahl der erforderlichen Durchläufe im Mittel deutlich verringern.

Ergebnisse dieses Kapitels

In diesem Kapitel wurde ein robustes Verfahren zur landmarkenbasierten Bestimmung der Kamerapose vorgestellt, das für den Einsatz in einer bildbasierten Lokalisierung von Straßenfahrzeugen geeignet ist.

Beim Entwurf wurde insbesondere die regelmäßige Strukturierung von Straßenszenen und die große gegenseitige Ähnlichkeit der Landmarken berücksichtigt, welche die eindeutige Herstellung von Korrespondenzsuche zwischen beobachteten Landmarken und der Karte erschwert. Aufgrund der zu erwartenden großen Zahl an fehlerhaften Zuordnungen in Verbindung mit möglichen Falschdetektionen der Landmarkenextraktion aus den Kamerabildern ist außerdem ein möglichst robustes Verfahren zur Bestimmung der Pose aus den Korrespondenzen erforderlich.

Ausgehend von einer allgemeinen Lösung des Lokalisierungsproblems wurde im Rahmen dieses Kapitels ein Verfahren zur iterativen Positionsbestimmung hergeleitet, dessen Grundlage eine robuste Erweiterung des Iterative Closest Point Algorithmus darstellt. Dazu wurden verschiedene Verfahren zur Korrespondenzsuche und zur Bestimmung der Pose auf ihre Robustheit untersucht und anhand der Ergebnisse ein geeignetes Verfahren für die bildbasierte Lokalisierung abgeleitet.

Das resultierende System setzt sich zusammen aus einem Verfahren zur robusten Herstellung der Korrespondenzen zwischen beobachteten Landmarken im Kamerabild und den Landmarken in der Karte, sowie einem Verfahren zur robusten Bestimmung der Pose bei gegebenen Korrespondenzen.

Zur Herstellung der Korrespondenzen wird die Mahalanobis-Distanz von Position und Merkmalsvektor der Landmarken genutzt. Dabei werden Mehrfachzuordnungen zugelassen, jede beobachtete Landmarke kann also mehreren Landmarken der Karte zugeordnet werden. Jede Korrespondenz wird dann entsprechend ihrer Likelihood gewichtet. Auf diese Weise lassen sich sprunghafte Änderungen der Gütefunktion im Verlauf der Optimierung verhindern.

Die Bestimmung der Pose aus den gegebenen Korrespondenzen erfolgt mit dem MSAC-Verfahren, mit welchem auch bei einer großen Zahl an Ausreißern noch eine genaue Schätzung möglich ist. Zur Verringerung der Zahl an erforderlichen Iterationen wird dieses kombiniert mit einem M-Schätzer, mit dessen Hilfe zunächst eine ungefähre Schätzung der Pose erfolgt. Ausgehend von dieser wird dann zur Verbesserung des Schätzwerts die MSAC-Optimierung durchgeführt.

4 Landmarkenextraktion aus Bilddaten

Dieses Kapitel behandelt die Extraktion der Landmarken aus den Bildern der Fahrzeugkamera sowie die Erstellung einer Landmarkenkarte aus Luftbildern.

Im Fahrzeug kommt hierfür eine Stereokameraplattform zum Einsatz, aus deren Bildpaaren 3D-Punkte in Weltkoordinaten rekonstruiert und diese zu Landmarken abstrahiert werden. Als weitere Beobachtung wird aus aufeinanderfolgenden Bildern die Eigenbewegung des Fahrzeugs bestimmt.

Voraussetzung für die Landmarkenerkennung und die Eigenbewegungsschätzung ist ein zuverlässiges Verfahren zur Herstellung von Punktkorrespondenzen zwischen linkem und rechtem Stereobild sowie zwischen zeitlich aufeinanderfolgenden Bildern. Für diese Aufgabe existiert in der Literatur eine Vielzahl von Verfahren, häufig in Verbindung mit einem Detektor für markante Bildregionen. Die Beschränkung auf wenige markante Bildpunkte erlaubt zum einen eine deutliche Verringerung des Rechenaufwands, zum anderen ist für diese Punkte eine eindeutige Zuordnung häufiger möglich.

Im Folgenden werden Verfahren zur Detektion und zur Beschreibung markanter Bildregionen getrennt voneinander behandelt. Grundzüge und die wesentlichen Eigenschaften gängiger *Detektoren* werden in Kapitel 4.1 zusammengefasst. Verbreitete Methoden zur Beschreibung solcher Bildregionen, sogenannte *Deskriptoren*, werden in Kapitel 4.2 vorgestellt.

Ausgehend von diesen Ergebnissen werden in Kapitel 4.3 Verfahren für die Auswertung der Bilder der Fahrzeugkamera und in Kapitel 4.4 für die Landmarkendetektion aus Luftbildern entwickelt.

Die Untersuchung und Bewertung der im Rahmen dieses Kapitels vorgestellten Verfahren anhand von Luftaufnahmen und Bildsequenzen aus dem Fahrzeug erfolgt in Kapitel 6.

Vorbemerkungen

Abbildung 4.1 zeigt beispielhaft einen Ausschnitt eines Luftbildes, wie es für die Kartenerstellung genutzt werden soll, sowie Beispiele für die Bilder der verwendeten Stereokameraplattform.

(a) Ausschnitt eines Luftbildes.

(b) Linkes Bild der Fahrzeugkamera (oben) und rechtes Bild (unten).

Abbildung 4.1: Beispiele für die verwendeten Bilddaten.

Idealerweise sollten Landmarken in beiden Ansichten eine ähnliche Erscheinung haben, was unter anderem für alle Strukturen erfüllt ist, die in der Fahrbahnebene liegen. Das im folgenden Kapitel beschriebene Verfahren konzentriert sich daher auf die Detektion von Fahrbahnmarkierungen als Landmarken.

Die in diesem Kapitel dargestellte Extraktion der Landmarken setzt außerdem eine vorab erfolgte Kamerakalibrierung und Rektifizierung sowohl der Luftbilder als auch der Bilder der Fahrzeugkamera voraus.

Genauer wird bei den Luftbildern von einer expliziten Geokodierung ausgegangen, dass also für jeden Bildpunkt die Koordinaten im geodätischen Referenzsystem bekannt sind. Diese Voraussetzung lässt sich über eine Orthorektifizierung und anschließende Georeferenzierung erreichen [*Bill* 1999].

Weit verbreitet ist bei Geoinformationssystemen die Referenzierung über ein sogenanntes *ESRI World File* [DOP 2007]. Dazu werden die Luftbilder vorab perspektivisch entzerrt, so dass sie eine konstante, aber nicht notwendigerweise identische Auflösung in x- und y-Richtung besitzen. Die Georeferenzierung erfolgt dann über die Angabe der geographischen Koordinaten eines Bildpunktes und der Orientierung des Luftbilds im Referenzsystem. In Verbindung mit der bekannten Auflösung lassen sich damit die geographischen Koordinaten für jeden Bildpunkt bestimmen.

Für die Fahrzeugkameras wird vorausgesetzt, dass die aufgenommenen Bilder in Form einer Intensitätsfunktion $I(x,y)$ in normalisierten Koordinaten des idealen Lochkameramodells vorliegen (vgl. Kapitel 2.2). Da die folgenden Überlegungen zur Detektion und Beschreibung markanter Bildregionen für die rechte und die linke Kamera gleichermaßen gültig sind, wird im Rahmen dieses Kapitels auf die explizite Angabe des Koordinatensystems verzichtet. Für die linke Kamera gilt $(x,y)^T = (x^L, y^L)^T$ und für die rechte Kamera entsprechend $(x,y)^T = (x^R, y^R)^T$.

4.1 Detektion markanter Bildregionen

Ein markanter Bildpunkt (engl. *Interest Point*) zeichnet sich dadurch aus, dass die Bildregion um diesen Punkt aussagekräftige Eigenschaften besitzt und sich diese Eigenschaften auch bei Änderungen des Blickwinkels nicht wesentlich verändern. Weiterhin sollte ein markanter Bildpunkt eindeutig lokalisierbar sein, das heißt in einer lokalen Umgebung des markanten Punktes sollten diese Eigenschaften möglichst einzigartig sein.

Für die Detektion markanter Bildpunkte existiert eine Vielzahl von Verfahren, so dass ein erschöpfender Überblick aller Verfahren kaum möglich ist. Im Rahmen dieser Arbeit soll daher nur ein Überblick über die wesentlichen Eigenschaften und Gemeinsamkeiten der Verfahren gegeben werden, um die Wahl eines geeigneten Detektors für die landmarkenbasierte Lokalisierung zu ermöglichen.

Bei der Betrachtung wird dabei unterschieden zwischen sogenannten *Eckendetektoren* und *Blob-Detektoren*. Eine Ecke bezeichnet einen Bildpunkt, der in seiner lokalen Umgebung zwei unterschiedliche ausgeprägte Gradientenrichtungen besitzt. Bei einem Blob handelt es sich um eine Bildregion, deren Intensität $I(x,y)$ sich deutlich von ihrer Umgebung abhebt.

4.1.1 Eckendetektoren

Ein weit verbreitetes Verfahren zur Detektion markanter Bildpunkte ist der *Harris Eckendetektor* [*Harris und Stephens* 1988]. Dieser nutzt den Strukturtensor [*Jähne* 2005]

$$E(x,y) = \begin{pmatrix} (\frac{\partial I}{\partial x})^2 * w_{x,y} & \frac{\partial I}{\partial x}\frac{\partial I}{\partial y} * w_{x,y} \\ \frac{\partial I}{\partial x}\frac{\partial I}{\partial y} * w_{x,y} & (\frac{\partial I}{\partial y})^2 * w_{x,y} \end{pmatrix}, \tag{4.1}$$

der für Punkte mit zwei dominanten Gradientenrichtungen zwei große positive Eigenwerte besitzt. Die Größe der lokalen Umgebung wird durch die Fensterfunktion $w_{x,y}$ festgelegt, für die in der Regel eine auf (x,y) zentrierte rotationssymmetrische Gauß-Funktion $\mathcal{N}(\mu = [x,y], \sigma)$ mit vorgegebener Standardabweichung σ verwendet wird.

Anstelle der direkten Betrachtung der Eigenwerte verwendet der Harris Eckendetektor das weniger rechenaufwändige Kriterium

$$M_c = \det(E) - \kappa \cdot \mathrm{spur}^2(E) \tag{4.2}$$

mit dem wählbaren Parameter κ für das Auffinden der Ecken. Ist $M_c > 0$, handelt es sich um eine Ecke.

Ebenfalls auf dem Strukturtensor basiert der *Shi und Tomasi Eckendetektor* [*Shi und Tomasi* 1994]. Dieser verwendet als Gütemaß den kleineren Eigenwert des Strukturtensors. Eine Ecke ist dann dadurch charakterisiert, dass der kleinere Eigenwert größer ist als ein vorgegebener Mindestwert λ_{min},

$$\min(\lambda_1, \lambda_2) \geq \lambda_{min} \ . \tag{4.3}$$

Die auf dem Strukturtensor aufbauenden Eckendetektoren sind zunächst nicht invariant gegenüber affinen Transformationen. Durch Erweiterung des Verfahrens auf den *Skalenraum*, also die Anwendung des Operators mit unterschiedlichen Werten für σ, lässt sich Invarianz gegenüber Skalierungen erreichen. Dies ist jedoch mit einem erheblich größeren Rechenaufwand verbunden, da neben der mehrfachen Berechnung des Strukturtensors zusätzlich ein Verfahren zur Wahl einer optimalen Skale erforderlich ist.

Ein solches Verfahren zur Wahl der optimalen Skale wurde von [*Lindeberg* 1998] vorgestellt. Weiter verbessert wurde dieses Verfahren von [*Mikolajczyk und Schmid* 2002, 2004], die mit dem *Harris-Laplace-Detektor* und dem *Harris-Affine-Detektor* erweiterte skaleninvariante Versionen des Harris-Eckendetektors einführen.

Ein weiteres Verfahren zur Eckendetektion mit ähnlichen Eigenschaften wie der Harris-Eckendetektor wurde von [*Schweitzer und Wuensche* 2009] vorgestellt. Hierbei wird der Strukturtensor durch die Antworten auf Haar-Wavelets, die sogenannten SidCells, approximiert, an deren Betrag sich ebenfalls Ecken und Kanten im Bild erkennen lassen. Bei der Eckendetektion auf mehreren Skalen lassen sich mit der Approximation durch binäre Filtermasken deutliche Geschwindigkeitsverbesserungen erreichen.

4.1.2 Blob-Detektoren

Auf ähnliche Weise zum Strukturtensor lassen sich markante Bildpunkte auch anhand der Hesse-Matrix

$$H(x,y) = \begin{bmatrix} \frac{\partial^2 L(x,y)}{\partial x^2} & \frac{\partial^2 L(x,y)}{\partial x \partial y} \\ \frac{\partial^2 L(x,y)}{\partial y \partial x} & \frac{\partial^2 L(x,y)}{\partial y^2} \end{bmatrix} \tag{4.4}$$

detektieren. Dabei bezeichnet $L(x,y) = I(x,y) * \mathcal{N}(x,y,\sigma)$ das mit einer Gauß-Funktion geglättete Intensitätsbild $I(x,y)$. Hiermit können Regionen detektiert werden, deren Intensität sich deutlich von ihrer Umgebung abhebt, sogenannte Blobs.

Aus der Determinante der Hesse-Matrix (engl. *Determinant of Hessian, DoH*)

$$\det H(x,y) = \frac{\partial^2 L(x,y)}{\partial x^2} \cdot \frac{\partial^2 L(x,y)}{\partial y^2} - \left(\frac{\partial^2 L(x,y)}{\partial x \partial y} \right)^2 , \tag{4.5}$$

lassen sich Blobs als lokale Maxima und Minima detektieren. In [*Mikolajczyk und Schmid* 2002] wird analog zum Harris-Laplace-Detektor auch der *Hessian-Laplace-Detektor* vorgestellt, der dieses Kriterium im Skalenraum nutzt.

In vereinfachter Form kommt dieses Verfahren auch im *SURF-Detektor* [*Bay et al.* 2008] zum Einsatz. Analog zur Eckendetektion anhand von SidCells [*Schweitzer und Wuensche* 2009] werden die partiellen Ableitungen hierbei zur schnelleren Berechnung durch Wavelet-Antworten approximiert.

Ein weiteres häufig angewendetes Kriterium für die Blob-Detektion sind die lokalen Maxima der *Laplacian of Gaussian (LoG)* Funktion [*Marr und Hildreth* 1980; *Lindeberg* 1998]

$$\Delta L(x,y) = \frac{\partial^2 L(x,y)}{\partial x^2} + \frac{\partial^2 L(x,y)}{\partial y^2} , \tag{4.6}$$

welches der Spur der Hesse-Matrix entspricht.

Ein wesentlicher Nachteil dieses Verfahrens ist, dass es nicht nur auf Blobs, sondern auch auf Kanten anspricht, was eine anschließende Kantenunterdrückung erforderlich macht.

Demgegenüber steht der Vorteil, dass sich die Blob-Detektion als einfache Faltung des Bildes mit der LoG-Funktion (Abbildung 4.2(a)) effizient realisieren lässt.

Häufig wird die LoG-Funktion durch andere Funktionen approximiert, um den Rechenaufwand weiter zu reduzieren. Bekannte Beispiele sind:

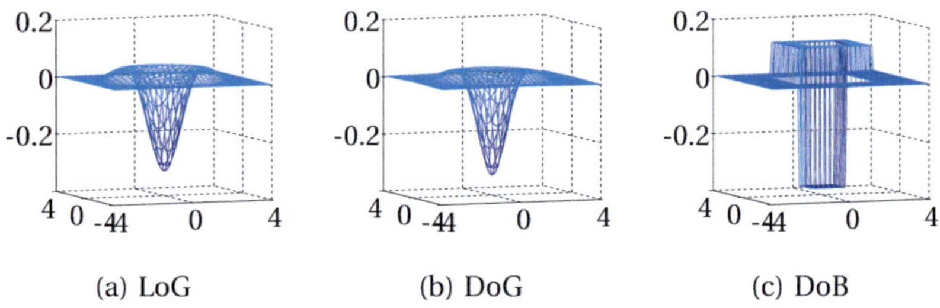

(a) LoG   (b) DoG   (c) DoB

Abbildung 4.2: Filtermaske der Laplacian of Gaussian-Funktion (a) und deren Approximation durch die Differenz zweier Gaußfunktionen (b) bzw. zweier Rechteckfunktionen (c).

- *Difference of Gaussians (DoG)*, also die Approximation der LoG-Funktion aus der Differenz zweier Gauß-Funktionen (Abbildung 4.2(b)). Vorteilhaft ist dies insbesondere bei der Berechnung auf mehreren Skalen, da für jede zusätzliche Skale nur die Faltung des Originalbildes mit einer weiteren Gauß-Funktion bestimmt werden muss. Die DoG-Funktion ergibt sich dann aus der Differenz des Faltungsergebnisses zweier benachbarter Skalen. Diese Approximation kommt beispielsweise im SIFT-Detektor zum Einsatz [*Lowe* 1999].

- *Bilevel Laplacian of Gaussian (BLoG)* approximiert die LoG-Funktion sehr grob durch die Differenz zweier kreisförmiger Filtermasken. Dem resultierenden Genauigkeitsverlust im Vergleich zu SIFT steht ein deutlicher Geschwindigkeitsvorteil gegenüber [*Pei und Horng* 2002].

- *Difference of Boxes (DoB)* stellt eine weitere Approximation durch die Differenz zweier binärer Rechteckfunktionen (Abbildung 4.2(c)) dar [*Grabner et al.* 2006]. Dies ermöglicht eine sehr schnelle Berechnung über Integralbilder. Aufgrund der fehlenden Isotropie des Filters ist dieser Deskriptor nicht invariant gegenüber Rotationen.

- *Center Surround Extrema (CenSurE)* stellen einen Kompromiss zwischen DoB und BLoG dar. Durch die Verwendung komplexerer Polygone, beispielsweise sternförmiger oder achteckiger Filtermasken [*Agrawal et al.* 2008], kann die Rotationsinvarianz des Detektors näherungsweise erhalten werden.

4.1.3 Zusammenfassung und weitere Verfahren

Basierend auf bestehenden Gegenüberstellungen verschiedener Detektoren [*Schmid et al.* 2000; *Carneiro und Jepson* 2003; *Mikolajczyk et al.* 2005; *Agrawal et al.* 2008] lässt sich zusammenfassend festhalten, dass die Stabilität und Wiederholgenauigkeit der Blob-Detektoren in der Regel deutlich höher ist als die Harris-basierter Kantendetektoren. Diese besitzen wiederum einen deutlichen Geschwindigkeitsvorteil, der jedoch für Multiskalenverfahren aufgrund der erforderlichen Wahl einer optimalen Skale wegfällt.

Auf der anderen Seite kann durch Approximationen der Hesse-Matrix wie LoG, DoG oder DoB der Rechenaufwand der Blob-Detektoren deutlich reduziert werden, bei vertretbaren Verlusten bei der Genauigkeit. Sind sowohl Geschwindigkeit als auch Skaleninvarianz gefordert, ist der Einsatz eines solchen Verfahrens vorteilhaft.

Neben den bisher genannten Detektoren existieren zahlreiche weitere Verfahren, die neben Skaleninvarianz auch für andere affine Transformationen eine gute Wiederholgenauigkeit erreichen, beispielsweise *Local Frequency* [*Carneiro und Jepson* 2003], *Salient Regions* [*Kadir et al.* 2004] oder *Maximally Stable Extremal Regions (MSER)* [*Matas et al.* 2004]. Einen Überblick über weitere Verfahren liefert [*Mikolajczyk et al.* 2005]. Aufgrund des teils erheblich größeren Rechenaufwandes werden diese Verfahren im Rahmen dieser Arbeit nicht weiter berücksichtigt.

4.2 Beschreibung markanter Bildregionen

Ähnlich wie zur Detektion markanter Bildregionen existiert auch zur Beschreibung markanter Bildregionen eine Vielzahl von Verfahren mit unterschiedlichsten Vorzügen, so dass die Wahl eines geeigneten Verfahrens sich an den konkreten Anforderungen an das System orientieren muss. Im Folgenden werden dazu einige Grundzüge der Beschreibungsverfahren vorgestellt.

Die einfachste Beschreibungsmöglichkeit stellt dabei die direkte Betrachtung der Grauwerte in einer vorgegebenen Umgebung des markanten Bildpunktes dar. Diese Art der Beschreibung lässt sich zum Blockmatching beispielsweise für die Bewegungskompensation von Videosequenzen oder für die Suche von Stereokorrespondenzen einsetzen (z.B. [*Dang und Stiller* 2009]). Gängige Ähnlichkeitsmaße sind dabei die Summe der quadrierten Differenzen (engl. *Sum of Squared Differences, SSD*) oder der Korrelationskoeffizient.

Eine Alternative stellen histogrammbasierte Deskriptoren dar, bei denen Grauwert- oder Gradientenhistogramme in einer lokalen Umgebung des markanten Bildpunktes gebildet werden. Im Folgenden werden einige weit verbreitete Verfahren kurz vorgestellt:

- Für den *SIFT-Deskriptor* [*Lowe* 2004] wird die Umgebung des markanten Punktes in Regionen gleicher Größe unterteilt, für welche ein Histogramm aus den Gradientenbeträgen und den Gradientenrichtungen gebildet wird. Von großer Bedeutung sind dabei Randeffekte, bei denen sich der Deskriptor sprunghaft ändert, wenn sich beispielsweise eine Struktur von einer Region in die benachbarte Region verschiebt. Zur Vermeidung solcher Effekte werden weiter vom Mittelpunkt entfernte Punkte bei der Histogrammbildung schwächer gewichtet und zwischen einzelnen Histogrammeinträgen wird trilinear interpoliert.

- Deutliche Geschwindigkeitsverbesserungen erreicht der *SURF-Deskriptor* [*Bay et al.* 2008], indem anstelle der Gradientenrichtungen horizontale und vertikale Wavelet-Antworten zur Histogrammbildung verwendet werden. Die von Lowe angesprochenen Randeffekte lassen sich beim SURF-Deskriptor ebenfalls vermeiden, indem überlappende Regionen für die Histogramme gewählt und die Wavelet-Antworten mit einer Gauß-Funktion gewichtet werden [*Agrawal et al.* 2008].

- Der *RIFT-Deskriptor* [*Lazebnik et al.* 2005] nutzt ebenfalls Gradientenhistogramme, die im Unterschied zum SIFT-Deskriptor in konzentrischen Regionen akkumuliert werden. Auf diese Weise ist der Deskriptor invariant gegenüber beliebigen Rotationen des Bildausschnitts.

- Anstelle der Histogrammbildung werden bei *DAISY* [*Tola et al.* 2010] die Einträge des Deskriptors durch Faltung von Orientierungsbildern mit unterschiedlichen Gaußfunktionen bestimmt. Der Deskriptor für einen bestimmten Bildpunkt ergibt sich dann aus den Faltungsergebnissen an mehreren konzentrischen um den markanten Punkt verteilten Stellen. Diese Art der Verarbeitung ist vor allem für die dichte Deskriptorberechnung von Vorteil, wobei die Geschwindigkeit mit der des SURF-Deskriptors vergleichbar ist.

Allgemein bieten Gradientenhistogramme gegenüber Grauwerthistogrammen den Vorteil, dass sie weitgehend invariant gegenüber Beleuchtungsänderungen sind. In Verbindung mit einer zusätzlichen Normalisierung lässt sich Invarianz sowohl gegenüber Helligkeits- als auch gegenüber Kontraständerungen erzielen.

Eine wichtige Rolle für eine spätere Zuordnung korrespondierender Bildpunkte spielt außerdem die Größe der Bildregion, die zur Berechnung des Deskriptors herangezogen wird. Wurde für die Detektion der markanten Bildpunkte ein Multiskalenverfahren verwendet, so ist es auch sinnvoll, die Größe der Bildregion an die Skale anzupassen.

In der Arbeit zu SIFT [*Lowe* 2004] wurden Experimente für unterschiedliche Größen der Region durchgeführt. Die besten Ergebnisse für eine gegebene Skale s wurden bei einer Größe von $16s \times 16s$ Pixeln erzielt. Eine ähnliche Größe wird auch beim SURF-Deskriptor verwendet; hier beträgt die Größe der Region $20s \times 20s$ Pixel.

Ist neben der Skaleninvarianz auch Invarianz gegenüber Rotationen gefordert, lässt sich dies bewerkstelligen, indem zunächst für jeden markanten Punkt eine dominante Orientierung, beispielsweise die Gradientenrichtung, bestimmt wird. Die Berechnung des Deskriptors erfolgt anschließend anhand der entsprechend rotierten lokalen Umgebung des Bildpunktes. Dieser Ansatz funktioniert gut für kontrastreiche Bildregionen mit einer dominanten Orientierung, versagt aber bei kontrastarmen Regionen, in denen das Bildrauschen dominiert.

Eine Ausnahme bildet hier der RIFT Deskriptor, der aufgrund der Verwendung rotationssymmetrischer Bildregionen bereits ohne diesen zusätzlichen Schritt rotationsinvariant ist.

Neben den bereits genannten Deskriptoren existiert eine große Zahl weiterer Verfahren. Histogrammbasierte Verfahren, die hier nicht näher beschrieben wurden, sind beispielsweise *GLOH* [*Mikolajczyk und Schmid* 2005], *Shape Contexts* [*Belongie et al.* 2002; *Mori et al.* 2005], oder Grauwerthistogramme wie die *Spin Images* [*Johnson und Hebert* 1999; *Lazebnik et al.* 2005].

Eine sehr gute Gegenüberstellung verschiedener Deskriptoren liefert [*Mikolajczyk und Schmid* 2005]. Gradientenbasierte Verfahren wie der SIFT-Deskriptor erzielen dabei die besten Ergebnisse, gefolgt von den Shape Contexts. Die Ergebnisse der intensitätsbasierten Kreuzkorrelation hängen dagegen stark von der Genauigkeit des Detektors ab und verschlechtern sich stark bei affinen Transformationen des Bildausschnitts. Ebenfalls einen Einfluss auf die Qualität der Ergebnisse hat die Wahl des Detektors, wobei hier Hesse-basierte Detektoren vorteilhaft gegenüber Harris-basierten Detektoren sind.

Demgegenüber steht der hohe Aufwand für die Berechnung der Gradientenhistogramme im Vergleich zu grauwertbasierten Verfahren. Einen guten Kompromiss zwischen Rechenzeit und Genauigkeit bieten hier der SURF- und der DAISY-Deskriptor.

Die bisherigen Überlegungen beziehen sich nur auf einen einzigen Farbkanal, lassen sich aber ohne weiteres auf Farbbilder übertragen, indem der Deskriptor für jeden Farbkanal einzeln angewendet wird. Größtes Hindernis dabei ist, dass eine Kontrastnormalisierung der RGB-Farbkanäle zu einer Verfälschung des Farbtons führen würde. Daher hat es sich als hilfreich erwiesen, Farbton, Sättigung und Intensität (engl. *Hue, Saturation, Value, HSV*) anstelle der RGB-Kanäle zu verwenden und lediglich die Intensität zu normalisieren. Weitergehende Untersuchungen zu Deskriptoren für Farbbilder finden sich beispielsweise in [*Geusebroek et al.* 2001; *van de Sande et al.* 2008].

4.3   Auswertung der Bilder der Fahrzeugkamera

Wichtigstes Ziel der Bildverarbeitung im Fahrzeug ist die Extraktion der Landmarken aus den Bilddaten. Daneben werden die Bildsequenzen aber auch für die Schätzung der Fahrzeugeigenbewegung genutzt. Diese soll als weitere Beobachtung für die Bestimmung der Fahrzeugposition verwendet werden, um die Genauigkeit des Schätzwerts zu erhöhen und um kurzzeitige Ausfälle der Positionsbestimmung, beispielsweise wenn keine Landmarken vorhanden sind, zu überbrücken.

Die Auswertung der Bilder der Fahrzeugkamera ist in Bild 4.3 schematisch dargestellt. Zunächst soll aus den Bildern eine Menge von markanten Punkten extrahiert werden, für die sowohl zeitliche Korrespondenzen als auch Stereokorrespondenzen zwischen rechtem und linkem Kamerabild gefunden werden können. Das Auffinden und die Zuordnung der markanten Punkte wird in Kapitel 4.3.1 diskutiert.

Diese markanten Bildpunkte können sowohl zur Schätzung der Fahrzeugeigenbewegung als auch zur Bestimmung von Position und Geometrie der Landmarken genutzt werden. Die Schätzung der Fahrzeugeigenbewegung wird in Kapitel 4.3.3 vorgestellt, die Extraktion der Landmarken in Kapitel 4.3.2.

Beim Entwurf des Verfahrens sollen dabei die folgenden Randbedingungen berücksichtigt werden, die sich aus den Anforderungen an eine bildbasierte Lokalisierung von Straßenfahrzeugen ergeben:

- *Geringer Rechenzeitbedarf,* um die Echtzeitfähigkeit des Verfahrens sicherzustellen

- *Invarianz gegenüber Änderungen der Skale.* Aufgrund der Bewegung des Fahrzeugs können markante Bildregionen zwischen zeitlich aufeinanderfolgenden Aufnahmen ihre Größe deutlich verändern. Dies erfordert

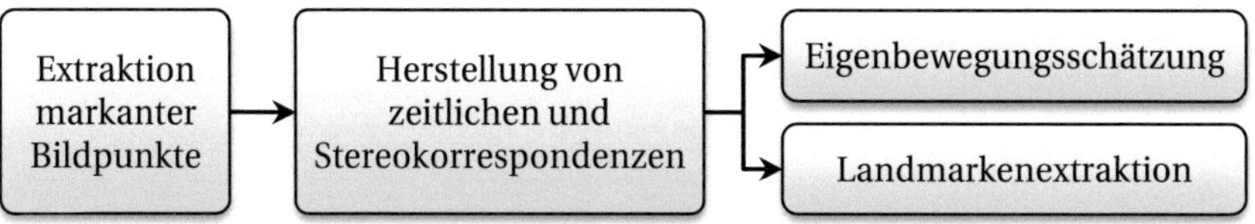

Abbildung 4.3: Schematischer Ablauf der Bildverarbeitung der Fahrzeugkamera.

einen skaleninvarianten Detektor; zudem ist die Skale bei der Herstellung zeitlicher Korrespondenzen zu berücksichtigen.

- *Keine Invarianz gegenüber beliebigen Rotationen.* Der für Rotationen des Bildes maßgebliche Wankwinkel eines Straßenfahrzeuges ist stark begrenzt und ändert sich im Verhältnis zur Bildrate in der Regel nur langsam. Für die Herstellung von Stereokorrespondenzen ist aufgrund der geforderten Anordnung Rotationsinvarianz ohnehin nicht erforderlich. Zugunsten einer verringerten Rechenzeit soll daher auf die Rotationsinvarianz sowohl bei der Merkmalsdetektion als auch bei der Korrespondenzsuche verzichtet werden.

Neben diesen spezifischen Anforderungen für den Einsatz im Fahrzeug sollte das eingesetzte Verfahren idealerweise auch unabhängig von äußeren Randbedingungen wie Beleuchtung, aber auch von Parametern wie Auflösung, Brennweite oder Bildrate der Kamera sein. Ziel ist daher der Entwurf eines möglichst vielseitig verwendbaren Verfahrens, das weitgehend ohne die Vorgabe solcher Parameter auskommt.

4.3.1   Merkmalsextraktion und Korrespondenzsuche

Wesentliches Entscheidungskriterium für die Wahl des Detektors ist die verfügbare Rechenzeit, so dass lediglich Detektoren mit geringem Rechenaufwand wie die skaleninvariante Erweiterung des Harris-Eckendetektors oder der CenSurE-Detektor in Frage kommen.

Verfahren zur Blob-Detektion bieten den weiteren Vorteil, dass sich zusammenhängende Blobs auf einfache Weise aus der Filterantwort bestimmen lassen. Dies erfolgt über die auf die ursprüngliche Skale projizierten Betragsmaxima

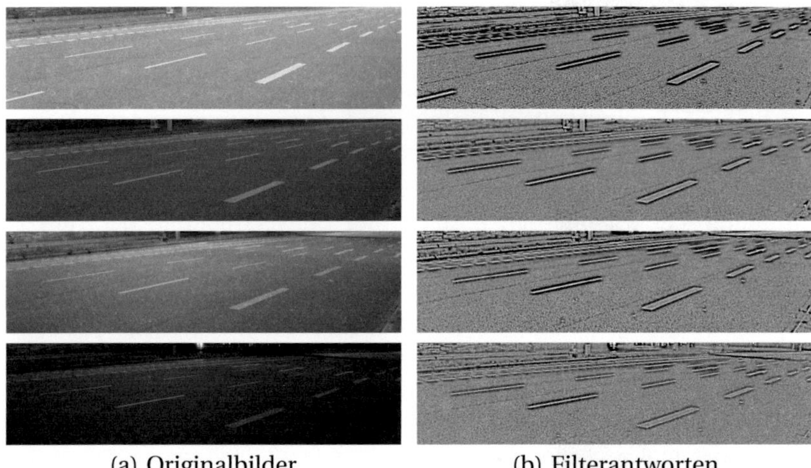

(a) Originalbilder   (b) Filterantworten

Abbildung 4.4: Beispiele für Filterantworten bei unterschiedlichen Beleuchtungsbedingungen (obere zwei Reihen: Tag, untere zwei Reihen: Nacht) und unterschiedlichen Belichtungen. Helle Werte entsprechen positiven Filterantworten, dunkle Werte entsprechen negativen Filterantworten. Dem Nullpunkt ist ein mittlerer Grauwert zugeordnet.

der Filterantwort

$$f_{max}(x,y) = f(x,y,s_{max}) \quad \text{mit} \quad s_{max} = \arg\max_{s} |f(x,y,s)| . \tag{4.7}$$

Unabhängig von der Beleuchtung oder vom Kontrast sind Übergänge von dunklen auf hellen Hintergründen, wie sie auch Fahrbahnmarkierungen darstellen, durch Nulldurchgänge der projizierten Filterantwort charakterisiert. Die Segmentierung der Filterantwort ermöglicht eine einfache Bestimmung zusammenhängender Fahrbahnmarkierungen, ohne dass weitere Parameter wie bei einer Segmentierung des Grauwertbildes oder bei einer Konturverfolgung vorzugeben sind.

Abbildung 4.4 veranschaulicht die Bildsegmentierung anhand der Filterantwort für unterschiedliche Beleuchtungsbedingungen und Belichtungen derselben Szene.

Für die Detektion markanter Punkte aus den Bildern der Fahrzeugkamera soll daher der CenSurE-Detektor verwendet werden. Für die Korrespondenzsuche werden die quadrierten Grauwertdifferenzen in einer Umgebung des

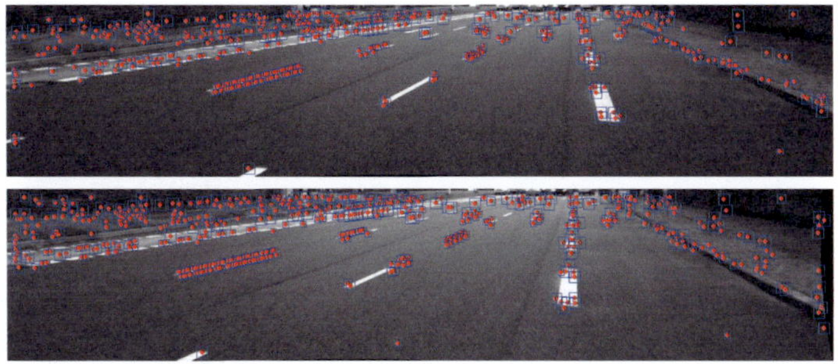

(a) Markante Bildpunkte im linken (oben) und rechten Bild (unten).

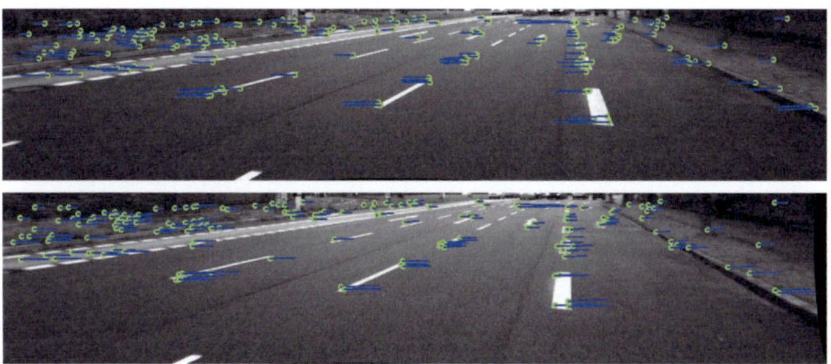

(b) Stereokorrespondenzen im linken (oben) und rechten Bild (unten).

(c) Zeitliche Korrespondenzen im rechten Bild.

Abbildung 4.5: Beispiele für die Merkmalsextraktion und Korrespondenzsuche. Die Größe der markanten Punkte repräsentiert die Skale, auf der sie gefunden wurden.

markanten Punktes verwendet. Abbildung 4.5(a) zeigt ein Beispiel für die detektierten markanten Bildpunkte sowie für die detektierten zeitlichen und Stereokorrespondenzen.

Grundlage für die weitere Verarbeitung sind damit die i markanten Bildpunkte mit den Koordinaten $\mathbf{x}_i^{R}$ im rechten und $\mathbf{x}_i^{L}$ im linken Kamerabild, der Disparität

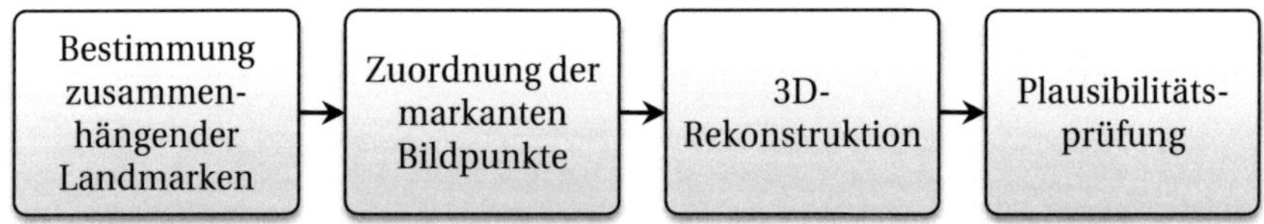

Abbildung 4.6: Schematischer Ablauf der Landmarkenbestimmung aus den Bildern der Fahrzeugkamera.

Δ_i und der Verschiebung zwischen zwei aufeinanderfolgenden Bildern

$$\begin{pmatrix} u_i(t_k) \\ v_i(t_k) \end{pmatrix} = \begin{pmatrix} x_i^{\mathrm{R}}(t_k) \\ y_i^{\mathrm{R}}(t_k) \end{pmatrix} - \begin{pmatrix} x_i^{\mathrm{R}}(t_{k-1}) \\ y_i^{\mathrm{R}}(t_{k-1}) \end{pmatrix} . \tag{4.8}$$

Mit Hilfe von Gleichung 2.3 lässt sich aus den Stereokorrespondenzen schließlich die Position der markanten Bildpunkte $\mathbf{x}_i^{\mathrm{K}}$ im Kamerakoordinatensystem rekonstruieren.

4.3.2 Landmarkenextraktion

Bei den bisherigen Überlegungen wurden lediglich markante Punkte in den Bildern betrachtet sowie zeitliche und Stereokorrespondenzen bestimmt. Für die Lokalisierung ist eine geometrische Beschreibung der Landmarken erforderlich, die nun mit Hilfe dieser markanten Bildpunkte abgeleitet werden soll.

Im Beispielbild der Fahrzeugkamera (Abbildung 4.5(a)) ist zu erkennen, dass eine große Zahl von markanten Bildpunkten auf den Fahrbahnmarkierungen liegt, allerdings typischerweise mehr als ein markanter Bildpunkt zu einer Markierung gehört.

Für die Landmarkenextraktion sind daher weitere Verarbeitungsschritte nötig, für welche die bereits detektierten markanten Punkte als Ausgangspunkt dienen sollen. Abbildung 4.6 veranschaulicht die einzelnen Schritte der Landmarkenextraktion, die im Folgenden näher beschrieben werden.

Das Auffinden von zusammenhängenden Landmarken im Kamerabild erfolgt anhand einer einfachen Bildsegmentierung, beispielsweise durch Regionenwachstum. Anstelle des Originalbildes wird dabei die in Gleichung 4.7 eingeführte projizierte Filterantwort des CenSurE-Detektors verwendet. Fahrbahnmarkierungen lassen sich anhand dieser Filterantwort unabhängig von äußeren

(a) Originalbild.

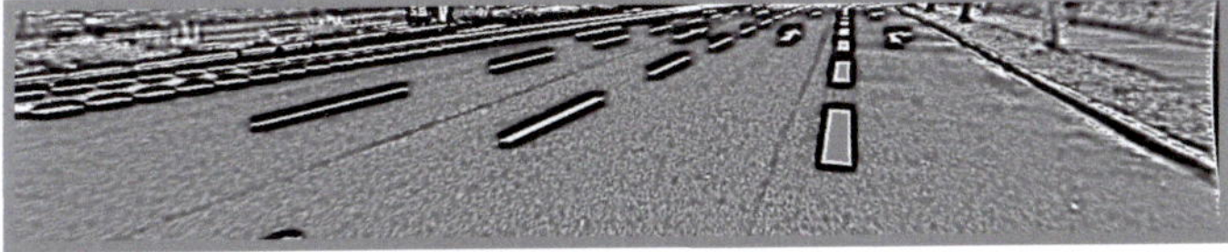

(b) Filterantwort.

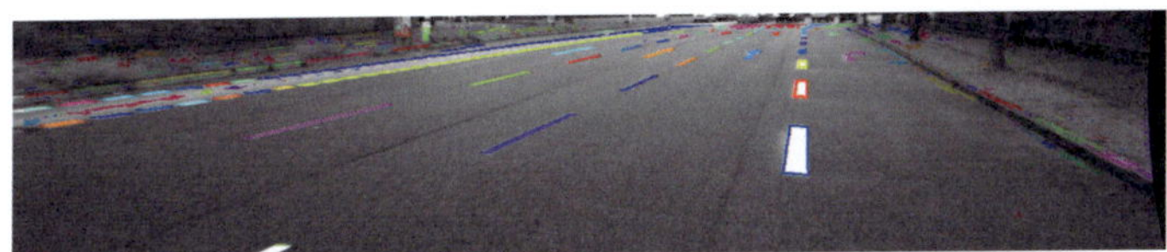

(c) Originalbild mit Segmentierungsergebnis. Unterschiedliche Segmente sind durch unterschiedliche Farben gekennzeichnet.

Abbildung 4.7: Beispiel für die Bildsegmentierung anhand der Filterantwort.

Einflüssen wie Beleuchtung als Regionen mit positiver Filterantwort detektieren, die von einem Nulldurchgang umrandet sind. Abbildung 4.7 veranschaulicht das Segmentierungsergebnis an einem Beispiel für eine Filterantwort.

Die Rückprojektion der Bildpunkte einer Markierung in das Kamerakoordinatensystem erfolgt über eine Ebenenschätzung in der lokalen Umgebung der Markierung. Jedem Segment werden dazu diejenigen markanten Punkte zugeordnet, die auf oder in unmittelbarer Nachbarschaft des Segmentes liegen. Anhand der bekannten Positionen der markanten Punkte im Kamerakoordinatensystem lässt sich eine Ebene schätzen, mit der wiederum die Kamerakoordinaten jedes Bildpunktes eines Segments bestimmt werden.

Gegenüber der Rekonstruktion über eine globale Ebenenschätzung hat dies den Vorteil, dass mögliche Ungenauigkeiten bei der Ebenenschätzung sich jeweils nur auf die Rekonstruktion einer einzigen Landmarke auswirken, während Ungenauigkeiten bei einer globalen Ebenenschätzung dazu führen, dass die Posi-

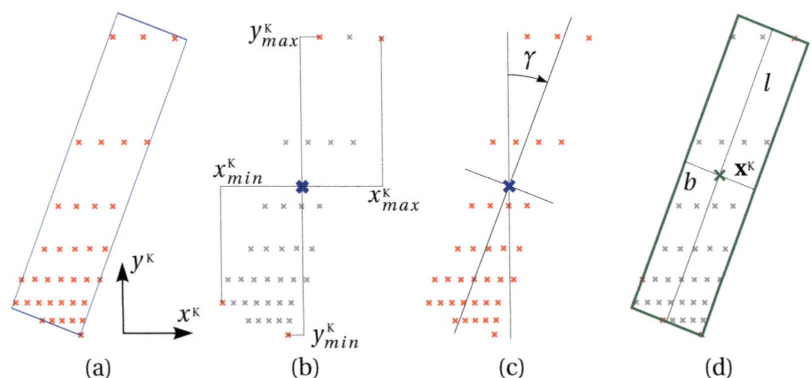

Abbildung 4.8: Schematische Darstellung der Landmarkenberechnung. Zur Vereinfachung ist eine Markierung in der x^K-y^K-Ebene dargestellt. (a): Ursprüngliche Markierung (blau) und zugehörige Bildpunkte nach der Rückprojektion in das Kamerakoordinatensystem. (b): Bestimmung des Hilfspunkts aus den maximalen und minimalen Koordinaten. (c): Bestimmung der Orientierung und der Hauptachsen. (d): Länge, Breite und Koordinaten der Markierung ergeben sich aus den Koordinatenmaxima und -minima entlang der Hauptachsen.

tionen aller Landmarken falsch bestimmt werden. Ebenso lassen sich auch vertikale Krümmungen der Fahrbahn gut durch eine lokale Ebene approximieren, verletzen aber das Modell einer globalen Ebenenannahme.

Die Rekonstruktion von Position und Abmessungen der einzelnen Markierung aus den Koordinaten der Bildpunkte veranschaulicht Abbildung 4.8. Zunächst wird ein Hilfspunkt in der Mitte der Markierung bestimmt. Da die Bildpunkte im Kamerakoordinatensystem aufgrund der perspektivischen Projektion nicht gleichmäßig verteilt sind, wird hierfür nicht der Schwerpunkt, sondern der Mittelwert aus minimalen und maximalen Koordinaten der Bildpunkte verwendet. Über eine Hauptkomponentenanalyse wird daraus die Orientierung der Markierung γ_j als die Richtung des dominanten Eigenvektors ermittelt. Die Abmessungen l_j und b_j und die Koordinaten der Markierung $\mathbf{x}^K_j$ lassen sich schließlich nach einer Hauptachsentransformation aus den Maxima und Minima der Koordinaten bestimmen.

Abschließend werden die detektierten Landmarken anhand ihrer Größe und Lage im Raum auf ihre Plausibilität geprüft. Zu kleine oder zu große Landmarken sowie Landmarken mit ungewöhnlicher Lage im Raum, beispielsweise senkrechte Strukturen auf einem vorausfahrenden Fahrzeug, werden herausgefiltert.

Die resultierende Beobachtung für ein Bildpaar besteht aus der Menge $\mathcal{M}$ aller K detektierten Markierungen. Jede dieser Markierungen $\mathbf{m}_j$ ist beschrieben durch ihre Position $\mathbf{x}_j^{\kappa}$ im Kamerakoordinatensystem und den Merkmalsvektor $\mathbf{f}_j = (l_j, b_j, \gamma_j)^{\mathrm{T}}$.

Eine Untersuchung des hier vorgestellten Verfahrens zur Markierungsrekonstruktion anhand von realen Bilddaten erfolgt in Kapitel 6.3.

4.3.3 Eigenbewegungsschätzung

Analog zur Vorgehensweise bei der klassischen satellitenbasierten Lokalisierung, bei der die Positionsbestimmung durch Bewegungsinformation von Odometrie oder Inertialsensoren unterstützt wird, soll auch bei der videobasierten Lokalisierung die Fahrzeugeigenbewegung zur Steigerung der Robustheit verwendet werden. Die Schätzung der Eigenbewegung soll dabei ebenfalls anhand der Bilder der Fahrzeugkamera erfolgen.

Für diese Aufgabe, welche häufig auch als *Visuelle Odometrie* (engl. *Visual Odometry*) bezeichnet wird, kann auf einer Vielzahl von bestehenden Verfahren aufgebaut werden.

Dabei kann unterschieden werden zwischen Verfahren, die zur Bewegungsschätzung lediglich Korrespondenzen zwischen zeitlich aufeinanderfolgenden Bildern verwenden [*Talukder et al.* 2003; *Howard* 2008; *Agrawal und Konolige* 2006], und Verfahren, die markante Bildpunkte über einen längeren Zeitraum verfolgen [*Olson et al.* 2000; *Dornhege und Kleiner* 2006], und entweder zusätzliche paarweise Beziehungen zwischen zeitlich länger auseinanderliegenden Bildern [*Nistér et al.* 2004] oder einen *Bündelausgleich* mit mehreren Bildern [*Agrawal und Konolige* 2007] zur Verbesserung der Schätzung verwenden. Im Allgemeinen erreichen diese Verfahren eine höhere Genauigkeit und Robustheit bei der Eigenbewegungsschätzung, besitzen gleichzeitig aber einen erhöhten Rechenzeitbedarf, der sich aus der höheren Komplexität der Optimierung mehrerer Bilder und der erforderlichen Verwaltung der markanten Bildpunkte ergibt.

Für diese Arbeit sollen daher lediglich paarweise Korrespondenzen zwischen zeitlich aufeinanderfolgenden Bildern zur Eigenbewegungsschätzung verwendet werden. Dabei kann auf die markanten Bildpunkte zurückgegriffen werden, die bereits für die Landmarkenextraktion bestimmt wurden. Der dabei verwendete skaleninvariante CenSurE-Detektor eignet sich sehr gut zur Herstellung von zeitlichen Korrespondenzen und erreicht bei der Eigenbewegungs-

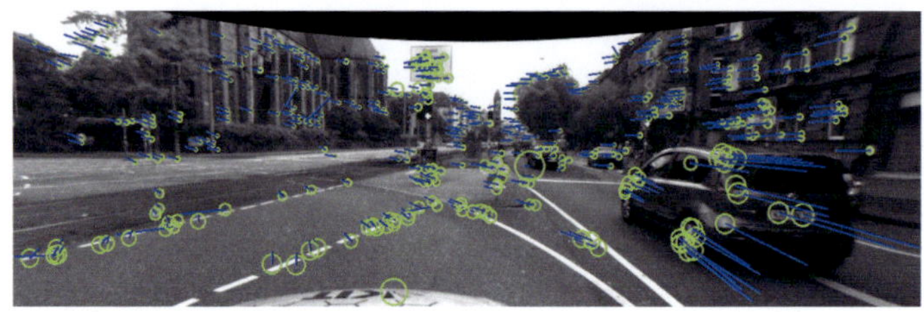

Abbildung 4.9: Beispiel für zeitliche Korrespondenzen. Grün: Markante Bildpunkte. Blau: Verschiebung zum korrespondierenden Bildpunkt im vorherigen Zeitschritt.

schätzung deutlich bessere Ergebnisse als andere verbreitete Detektoren wie der Harris- oder der Shi-und Tomasi-Eckendetektor [*Konolige et al.* 2007].

Abbildung 4.9 zeigt beispielhaft für ein Bild der Fahrzeugkamera die zeitlichen Korrespondenzen, welche für die mit dem CenSurE-Detektor bestimmten markanten Bildpunkte anhand der quadrierten Grauwertdifferenzen hergestellt wurden.

Für die Schätzung der Eigenbewegung, also der Translation und Rotation der Kamera der Kamera, existiert wiederum eine große Zahl von Verfahren. Für Sequenzen einer monoskopischen Kamera oder für einen unkalibrierten Stereoaufbau kann beispielsweise der 8-Punkt-Algorithmus oder der Trifokaltensor verwendet werden, welcher neben der Bewegungsschätzung auch eine gleichzeitige Kamerakalibrierung erlaubt.

Im Rahmen dieser Arbeit wurde eine kalibrierte Stereokamera vorausgesetzt und Stereokorrespondenzen für die markanten Punkte wurden bereits bei der Landmarkenextraktion bestimmt. In diesem Fall können auch wesentlich einfachere Verfahren verwendet werden, beispielsweise die Triangulation der Punkte und anschließende Anwendung des 3-Punkt-Algorithmus [*Nistér et al.* 2004]. Eleganter ist jedoch, Beobachtungsgleichungen für die Verschiebung im Kamerabild aufzustellen und daraus die 3D-Bewegung zu bestimmen. Dieses Verfahren ist in Anhang A.3 näher beschrieben und soll für die Eigenbewegungsschätzung im Rahmen dieser Arbeit zum Einsatz kommen.

Wie am Beispiel in Abbildung 4.9 gut zu erkennen ist, können die geschätzten Verschiebungen der markanten Punkte eine große Zahl an Ausreißern enthalten, welche einerseits durch fehlerhafte Zuordnungen, insbesondere aber durch bewegte Objekte im Bild verursacht werden. Dies macht den Einsatz von robusten Verfahren für die Eigenbewegungsschätzung erforderlich, beispielsweise durch Verwendung der in Kapitel 2.3 eingeführten M-Schätzer oder des RANSAC-Verfahrens [*Nistér et al.* 2004; *Agrawal und Konolige* 2006; *Horn et al.* 2007]. Im Rahmen dieser Arbeit wird das ebenfalls in Kapitel 2.3 vorgestellte MSAC-Verfahren [*Torr und Zisserman* 2000] zur Ausreißerunterdrückung verwendet.

Damit lässt sich das vorgestellte Verfahren zur Eigenbewegungsschätzung wie folgt zusammenfassen: Zunächst werden mit dem CenSurE-Detektor markante Bildpunkte bestimmt und über die quadrierten Grauwertdifferenzen zeitliche und Stereokorrespondenzen hergestellt. Aus diesen wird mit anhand des in Anhang A.3 beschriebenen Modells mit dem MSAC-Verfahren eine robuste Schätzung der Eigenbewegung ermittelt.

Eine Untersuchung der Genauigkeit und der Robustheit dieses Verfahrens wird in Kapitel 6.2 vorgenommen.

4.4 Erstellung einer Landmarkenkarte aus Luftbildern

Die landmarkenbasierte Lokalisierung setzt eine Umfeldrepräsentation aus charakteristischen Eigenschaften der Landmarken voraus, die sich im Bild der Fahrzeugkamera beobachten lassen. Neben der Position einer Landmarke können dies beispielsweise Informationen über die Form oder auch die Textur einer Landmarke sein.

Herkömmliches Kartenmaterial zur Navigation erfüllt diese Anforderung nicht, weshalb eine wichtige Voraussetzung für die landmarkenbasierte Lokalisierung die Erstellung einer geeigneten Landmarkenkarte ist.

In diesem Kapitel wird ein Verfahren vorgestellt, um eine solche Landmarkenkarte aus Luftbildern zu erstellen. Vorrangig für den Entwurf des Verfahrens ist eine hohe Güte der erstellten Karte, also möglichst wenige fälschlich detektierte oder nicht detektierte Landmarken zu erhalten. Für diese Aufgabe bietet sich der Einsatz eines halbautomatischen Verfahrens an, bei dem die Detektion zwar automatisiert abläuft, ein Anwender aber das Ergebnis überprüfen und gegebenenfalls auf einfache und intuitive Weise beeinflussen kann.

Das hier vorgestellte Verfahren erfordert daher zunächst die Auswahl einiger Landmarken durch den Anwender, anhand derer die Luftbilder klassifiziert werden. Aus dem Klassifikationsergebnis wird dann die für die Lokalisierung benötigte geometrische Beschreibung der Landmarken gewonnen. Anhand typischer Eigenschaften von Straßenmarkierungen werden schließlich verbleibende Falschdetektionen erkannt und aus der Karte entfernt.

Der Anwender hat dabei jederzeit die Möglichkeit, durch Hinzufügen oder Entfernen von Trainingsbeispielen das Detektionsergebnis zu beeinflussen. Verglichen mit einer vollständig manuellen Kartenerstellung ist der manuelle Arbeitsaufwand dabei sehr gering, was eine für die Lokalisierung unerlässliche häufige Aktualisierung des Kartenmaterials erlaubt.

Das Klassifikationsverfahren und der verwendete Merkmalsvektor werden in Kapitel 4.4.1 eingeführt. Die anschließende Abstraktion der pixelweisen Klassifikationsergebnisse zu einer geometrischen Landmarkenbeschreibung, sowie das Verfahren zur Unterdrückung von Falschdetektionen werden in Kapitel 4.4.2 vorgestellt.

4.4.1 Klassifikation der Luftbilder

Die Anzahl an nicht detektierten und fälschlich detektieren Landmarken klein zu halten erfordert ein hohes Maß an Genauigkeit bei der Detektion der Landmarken. Auf der anderen Seite spielt die Verarbeitungszeit bei der Kartenerstellung nur eine untergeordnete Rolle, da neue Luftbilder nur in zeitlich großen Abständen verfügbar sind und die Berechnung der Karte im Vorfeld erfolgen kann.

Abweichend von der Vorgehensweise zur Landmarkendetektion im Fahrzeug soll daher auf die Detektion markanter Bildpunkte verzichtet werden. Stattdessen wird jeder einzelne Bildpunkt anhand seiner lokalen Umgebung klassifiziert.

Diese dichte Verarbeitung hat den Vorteil, dass auch Landmarken gefunden werden, die nur niedrigen Kontrast aufweisen. Bei der Detektion markanter Bildpunkte werden dagegen nur Regionen mit einem hohen Dynamikumfang ausgewählt. Insbesondere wenn im Bild Strukturen vorhanden sind, die einen höheren Dynamikumfang besitzen als die gewünschten Landmarken, kann dies dazu führen, dass Landmarken nicht gefunden werden.

Aus der pixelweisen Klassifikation ergeben sich auch geänderte Anforderungen an den Merkmalsvektor. Existierende Deskriptoren sind häufig auf die Kombination mit einem bestimmten Detektor abgestimmt und damit häufig auf Regionen mit hohem Dynamikumfang ausgelegt.

Basierend auf den grundsätzlichen Überlegungen in Kapitel 4.2 wird daher zunächst ein Deskriptor eingeführt, der speziell auf die pixelweise Objektklassifikation in Luftbildern ausgelegt ist. Dieser Deskriptor dient anschließend als Merkmalsvektor für die pixelweise Klassifikation.

Aufgrund der bisherigen Überlegungen lassen sich folgende Anforderungen an einen Merkmalsvektor für die Klassifikation festhalten:

- *Berücksichtigung von Farbinformation.* Die in den Luftbildern vorhandenen Farbwerte sind ein wichtiges Merkmal für die Landmarkendetektion. Dabei ist insbesondere von Vorteil, dass Luftbilder in der Regel für größere Landstriche unter nahezu konstanten Beleuchtungsbedingungen vorliegen. Invarianz gegenüber den Beleuchtungsbedingungen ist daher nicht zwingend erforderlich.

- *Keine Kontrastnormalisierung.* Der lokale Kontrast in der Umgebung eines Bildpunkts ist ein wichtiges Merkmal für die Landmarkenklassifikation. Durch eine Kontrastnormalisierung, wie sie in vielen Detektor-Deskriptor-Kombinationen eingesetzt wird, würde dieses Merkmal verloren gehen.

- *Berücksichtigung der Skale.* Da die Luftbilder perspektivisch entzerrt vorliegen, besitzen idealerweise alle Landmarken eine ähnliche Größe. Skaleninvarianz ist somit nicht erforderlich, im Gegenteil kann die Größe eines Objektes sogar als Merkmal verwendet werden. Anstatt die optimale Skale für jeden Bildpunkt einzeln zu bestimmen, wird daher eine optimale Skale für die Berechnung aller Merkmalsvektoren gewählt.

- *Rotationsinvarianz.* Landmarken können mit beliebiger Orientierung auftreten. Grundsätzlich ist es zwar möglich, einen Klassifikator mit einer großen Zahl an unterschiedlich orientierten Landmarken zu trainieren. Durch die Verwendung eines rotationsinvarianten Deskriptors lässt sich der Trainingsaufwand jedoch deutlich verringern.

Grundlage für den Entwurf bildet der rotationsinvariante RIFT-Deskriptor [*Lazebnik et al.* 2005], der sich für Regionen mit hohem und niedrigem Dynamikumfang gleichermaßen eignet. Anstelle der Gradienten kommen jedoch die wesentlich schneller zu berechnenden Wavelet-Antworten des SURF-Deskriptors [*Bay et al.* 2008] zum Einsatz.

Die Berechnung der Deskriptoren unterteilt sich in folgende Schritte:

Zunächst wird die optimale Skale s für die Berechnung der Deskriptoren ermittelt. Hierfür werden für eine Reihe von bekannten Landmarkenpunkten die Maxima im Skalenraum eines der in Kapitel 4.1 diskutierten Differentialoperatoren bestimmt. Dies kann beispielsweise anhand der positiven Trainingsbeispiele für die spätere Klassifikation erfolgen. Die optimale Skale ergibt sich durch Mittelung der Skalen aller Maxima.

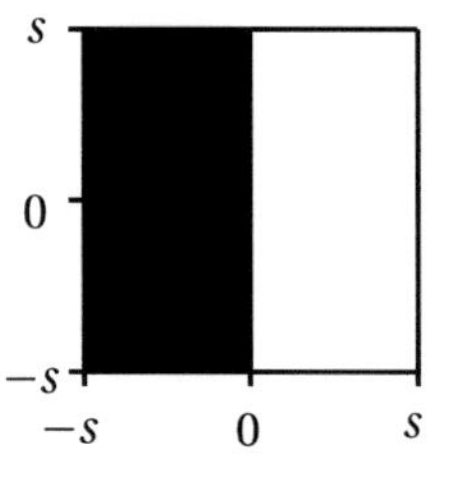

(a) Horizontales Wavelet

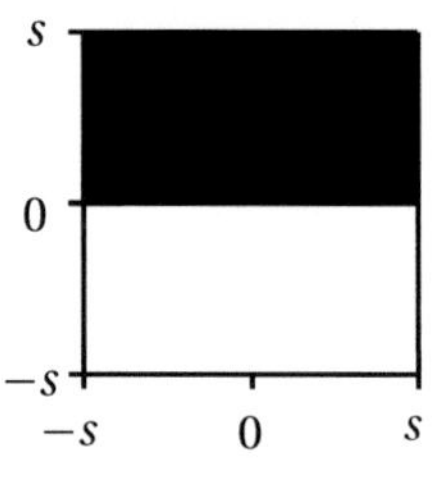

(b) Vertikales Wavelet

Abbildung 4.10: Haar Wavelets für die Berechnung des Deskriptors. Die dunkle Hälfte hat das Gewicht -1, die helle das Gewicht $+1$.

Anschließend werden für jeden Bildpunkt die Antworten auf die vertikalen und horizontalen Haar-Wavelets mit einer Größe von $2s$ Punkten (vgl. Abbildung 4.10) bestimmt. Die beim SURF-Deskriptor eigentlich vorgesehene Kontrastnormalisierung wird nicht durchgeführt, um den Kontrast als Merkmal für die Klassifikation zu erhalten.

Für jeden Bildpunkt wird nun der Deskriptor anhand der Wavelet-Antworten von 20×20 gleichmäßig verteilten Wavelet-Antworten in einer $20s \times 20s$ Pixel großen lokalen Umgebung bestimmt.

Die Koordinaten der i-ten Wavelet-Antwort relativ zum Mittelpunkt werden im Folgenden mit x_i, y_i bezeichnet. Die Antwort an der Stelle x_i, y_i auf das horizontale Wavelet wird mit $d_{x,i}$ und die Antwort auf das vertikale Wavelet mit $d_{y,i}$ bezeichnet.

Aus diesen werden nun Betrag

$$|d_i| = \sqrt{d_{x,i}^2 + d_{y,i}^2} \tag{4.9}$$

und Orientierung φ_i der Wavelet-Antworten berechnet. Die Orientierung berechnet sich dabei relativ zum Mittelpunkt,

$$\varphi_i = \arctan2(d_{y,i}, d_{x,i}) - \arctan2(y_i, x_i). \tag{4.10}$$

Diese werden schließlich in einem Histogramm mit 8 diskreten Abständen vom Mittelpunkt und 8 diskreten Orientierungen akkumuliert (vgl. Abbildung 4.11).

Zur Vermeidung von Übergangseffekten (vgl. Kapitel 4.2) werden zur Akkumulation leicht überlappende konzentrische Regionen verwendet, und die Antworten werden vor der Summation mit einer Gaußfunktion gewichtet. Dadurch ist

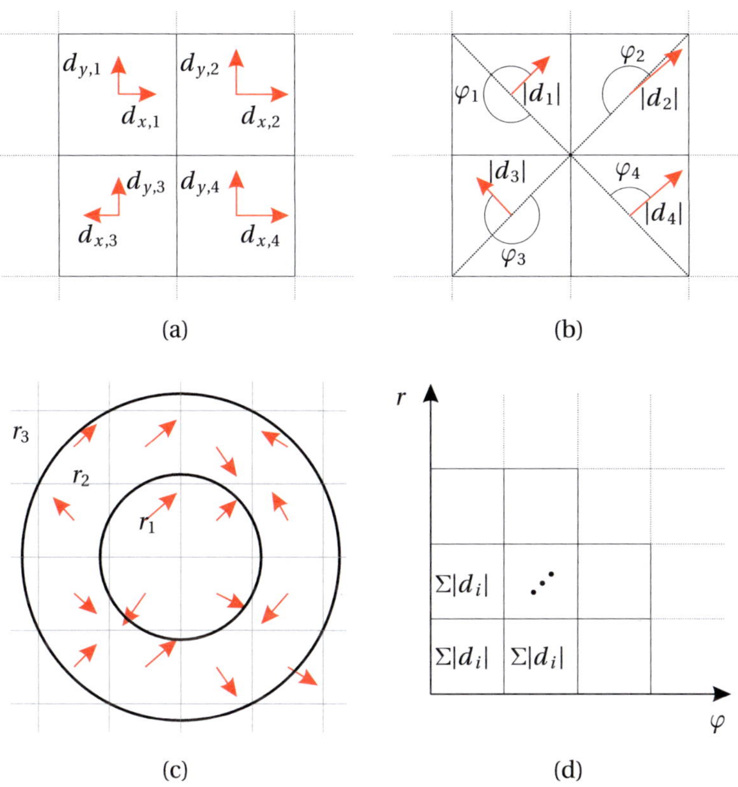

Abbildung 4.11: Schematische Darstellung der Deskriptorberechnung. Der Übersichtlichkeit halber sind nur 2 × 2 Punkte (a) und (b) bzw. 4 × 4 Punkte (c) anstelle der tatsächlichen 20 × 20 Punkte dargestellt. (a): Für jeden Punkt wird die Antwort auf das vertikale und das horizontale Haar Wavelet bestimmt. (b): Betrag der Antwort und Orientierung relativ zum Mittelpunkt werden bestimmt. (c): Die lokale Umgebung des markanten Punktes wird in 8 konzentrische Teilregionen eingeteilt. (d): Für alle Teilregionen und alle diskreten Orientierungen wird ein Histogramm der Beträge gebildet.

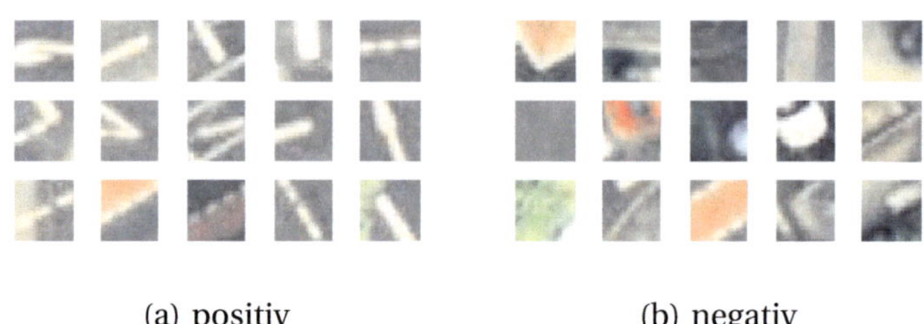

(a) positiv   (b) negativ

Abbildung 4.12: Trainingsdaten für die Klassifikation der Luftbilder. Aus den dargestellten Bildausschnitten wird jeweils der Deskriptor für den Mittelpunkt bestimmt.(a): Positive Trainingsbeispiele, d.h. der Mittelpunkt des Ausschnitts ist Teil einer Markierung. (b): Negative Trainingsbeispiele.

sichergestellt, dass sich der Deskriptor bei kleinen Änderungen des Bildinhalts nicht sprunghaft ändert.

Um schließlich auch die Farbinformation in den Deskriptor eingehen zu lassen, werden die Wavelet-Antworten und die Deskriptoren separat für Farbton, Sättigung und Intensität (engl. *Hue, Saturation, Value, HSV*) berechnet. Für die Bildklassifikation, insbesondere zur Unterdrückung von Schatten bei Tageslichtszenen, ist der HSV-Farbraum den RGB-Farbkanälen überlegen [*Cucchiara et al.* 2001; *Khan und Reinhard* 2005].

Anhand dieses Deskriptors mit 3×64 Elementen wird für jedes einzelne Pixel bestimmt, ob es Teil einer Markierung ist oder nicht. Hierfür wird eine *Support Vector Machine (SVM)* mit RBF-Kernel als Klassifikator eingesetzt, die mit manuell gewählten Beispielen trainiert wird. Abbildung 4.12 zeigt exemplarisch einige positive und negative Trainingsdaten in Form der Bildausschnitte, welche für die Deskriptorberechnung verwendet werden.

Grundsätzlich kommen hierfür auch zahlreiche andere Klassifikationsverfahren in Frage, jedoch zeichnet sich die Support Vector Machine als *Maximum Margin Klassifikator* im Allgemeinen durch einen besonders niedrigen Generalisierungsfehler aus. Somit kann die Anzahl der erforderlichen Trainingsbeispiele im Vergleich zu anderen Klassifikatoren klein gehalten werden.

Das Ergebnis der Klassifikation ist eine planare binäre Rasterkarte, deren Elemente wahr sind, wenn der korrespondierende Bildpunkt zu einer Markierung gehört.

4.4.2 Bestimmung der Landmarken

Um aus den Ergebnissen der pixelweisen Klassifikation eine geometrische Beschreibung der einzelnen Landmarken zu gewinnen, muss zunächst jedes positiv klassifizierte Pixel einer Landmarke zugeordnet werden. Anschließend wird aus sämtlichen Pixeln einer Markierung deren Länge, Breite und Orientierung bestimmt.

Analog zur Auswertung der Bilder der Fahrzeugkamera erfolgt die Bestimmung zusammenhängender Landmarken durch Regionenwachstum.

Position, Länge, Breite und Orientierung der Markierungen lassen sich dann aus den Eigenvektoren und Eigenwerten der Markierungen bestimmen. Aus den Koordinaten $\mathbf{x}_i$, $i = 1,\ldots N$ der N Pixel einer Markierung wird dazu der Mittelpunkt $\mathbf{c}$ und die Kovarianzmatrix

$$\Sigma = \frac{1}{N-1} \cdot \sum_{i=1}^{N} (\mathbf{x}_i - \mathbf{c}) \cdot (\mathbf{x}_i - \mathbf{c})^{\mathrm{T}} \tag{4.11}$$

bestimmt.

Besitzt diese Matrix einen dominanten Eigenwert λ_1, entspricht die Orientierung des zugehörigen Eigenvektors der Orientierung der Markierung. Geht man weiterhin davon aus, dass die Markierungspunkte entlang der Hauptachse im Intervall $[-\frac{l}{2}, \frac{l}{2}]$ gleichverteilt sind, ergeben sich Länge l und Breite b der Markierung aus den Eigenwerten zu

$$l = 2\sqrt{3} \cdot \lambda_1 \tag{4.12}$$
$$b = 2\sqrt{3} \cdot \lambda_2 \, . \tag{4.13}$$

Abbildung 4.13(a) veranschaulicht die Bestimmung einer Landmarke aus den Pixeldaten.

Bei Markierungen ohne dominanten Eigenwert, also mit ähnlich großer Länge und Breite liefert die Eigenwertzerlegung keine aussagekräftigen Ergebnisse; bestenfalls entsprechen die Eigenvektoren den Diagonalen der Markierung. Zur Abhilfe kann man die Tatsache nutzen, dass solche kurzen Markierungen in der Regel sehr dicht aufeinanderfolgen, bei Radwegmarkierungen beispielsweise im Abstand von 25 cm. Für die Berechnung der Orientierung wird daher

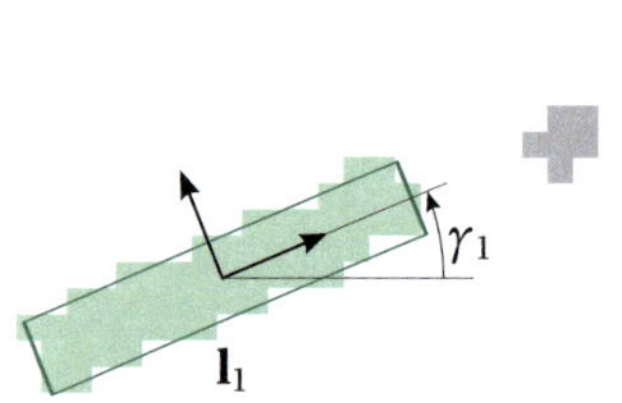
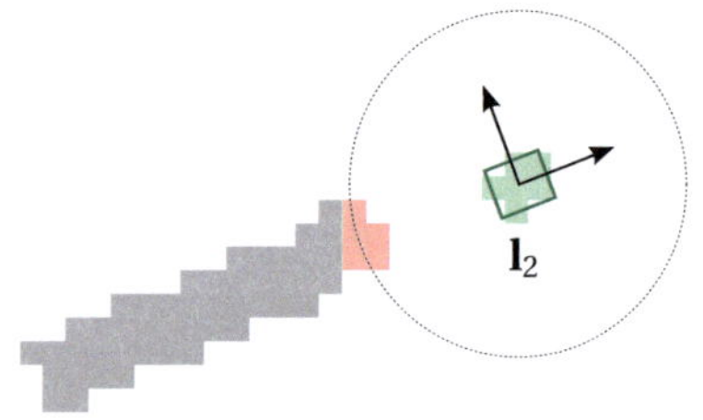

(a) Markierung mit dominanter Orientierung.

(b) Markierung ohne dominante Orientierung.

Abbildung 4.13: Beispiele für die Bestimmung der Landmarken. Hellgrün: Pixel, die der Landmarke zugeordnet wurden. Dunkelgrüne Linie: Daraus bestimmte rechteckige Landmarke. Rot: zusätzliche Pixel in einer vergrößerten Umgebung, die ebenfalls zur Orientierungsbestimmung verwendet werden.

zunächst der Suchbereich so ausgedehnt, dass auch Pixel benachbarter Markierungen mit eingehen (vgl. Abbildung 4.13(b)). Die Eigenwerte und damit die Orientierung der Markierung werden dabei aus der erweiterten Punktmenge bestimmt. Länge und Breite der Markierung ergeben sich anschließend aus der Projektion der ursprünglichen Punktmenge auf die Eigenvektoren.

Da das vorgestellte Klassifikationsverfahren lediglich auf einer lokalen Nachbarschaft jedes Bildpunktes arbeitet, lässt es sich nicht vermeiden, dass auch Objekte, die einer Markierung sehr ähnlich sind, als solche detektiert werden. Viele dieser Falschdetektionen lassen sich jedoch unterdrücken, indem man Vorwissen in die Klassifikation mit einbringt, beispielsweise dass Markierungen immer auf einer befahrbaren Fläche liegen.

Ein möglicher Ansatz wäre daher, zunächst die befahrbare Fläche zu bestimmen, beispielsweise durch ein weiteres Klassifikationsverfahren, und anschließend nur auf dieser nach Markierungen zu suchen. Dies wäre mit einem zusätzlichen manuellen Trainingsschritt für die befahrbare Fläche verbunden.

Eine wesentlich effizientere Methode zur Erkennung verbleibender Fehldetektionen besteht darin, die hohe Regelmäßigkeit und die genau definierte Anordnung der Markierungen für eine regelbasierte Filterung der Landmarkenkarte auszunutzen.

Aus den Richtlinien für die Anlage von Straßen, Teil Linienführung [RAS-L 1995] und Teil Querschnitt [RAS-Q 1996], sowie den Richtlinien für die

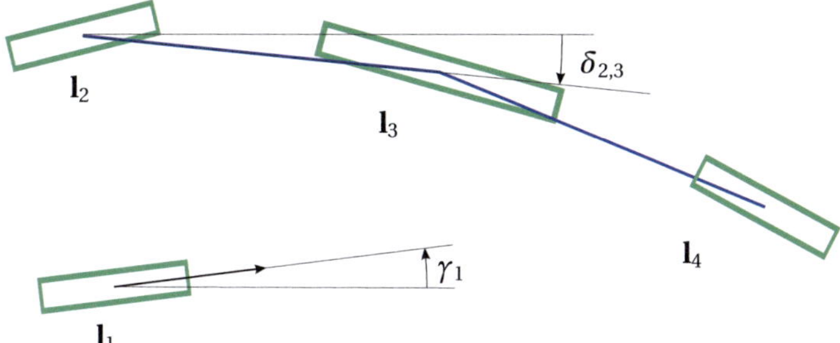

Abbildung 4.14: Beispiel für die Bestimmung der Fahrstreifenbegrenzungen aus einzelnen Markierungen. Grün: Fahrbahnmarkierungen. Blau: Kandidat für eine Fahrstreifenbegrenzung.

Markierung von Straßen [RMS 1993] lassen sich hierfür folgende Regeln für Markierungen ableiten:

- Länge der Markierungen: 50 cm bis ca. 10 m

- Breite der Markierungen: 10 cm bis 50 cm

- Längsabstand von Markierungen: Halbe bis doppelte Markierungslänge

- Typische Fahrstreifenbreite: 2 m bis 4 m

Mit Hilfe dieser Regeln werden zunächst alle Objekte entfernt, deren Abmessungen untypisch für Markierungen sind. Aus den verbleibenden Markierungen werden anschließend Kandidaten für Fahrstreifenbegrenzungen ermittelt.

Abbildung 4.14 veranschaulicht beispielhaft die Bestimmung der Fahrstreifenberandungen aus den einzelnen Markierungen. Dazu werden zusätzlich die folgenden Regeln für die Orientierung benachbarter Markierungen verwendet:

- Die Orientierungsdifferenz benachbarter Markierungen derselben Berandung liegt unterhalb eines bestimmten Grenzwerts,

$$|\gamma_i - \gamma_j| < \Delta\gamma. \tag{4.14}$$

- Die Orientierung der Verbindungslinie zwischen zwei benachbarten Markierungen liegt zwischen den Orientierungen der beiden Markierungen,

$$\gamma_i \leq \delta_{i,j} \leq \gamma_j \quad \text{oder} \tag{4.15}$$

$$\gamma_i \geq \delta_{i,j} \geq \gamma_j \; . \tag{4.16}$$

- Die Orientierung zweier benachbarter Verbindungslinien liegt ebenfalls unterhalb eines vorgegebenen Grenzwerts. Ist m_i bereits Teil einer Berandung mit Vorgänger m_k, muss für die Verbindungslinie zur Markierung m_j gelten

$$|\delta_{k,i} - \delta_{i,j}| < \Delta\delta \; . \tag{4.17}$$

Markierungen, die nicht Teil eines solchen Berandungskandidaten sind, werden anschließend aus der Karte entfernt.

Ergebnis ist eine Landmarkenkarte $\mathcal{L}$ bestehend aus N Fahrbahnmarkierungen. Jede dieser Landmarken $\mathbf{l}_k$ besteht aus ihrer Position im Weltkoordinatensystem $\mathbf{x}_k^{\mathrm{w}}$ und einem Merkmalsvektor $\mathbf{f}_k$. Die Elemente des Merkmalsvektors sind Länge l_k, Breite b_k und Orientierung γ_k der Fahrbahnmarkierung.

Ergebnisse dieses Kapitels

In diesem Kapitel wurde die Bildverarbeitung für eine videobasierte Lokalisierung vorgestellt. Diese umfasst die Erstellung einer geeigneten Landmarkenkarte für die Lokalisierung, die Detektion der Landmarken in den Bildern einer Stereokameraplattform im Fahrzeug, sowie die Schätzung der Fahrzeugeigenbewegung anhand der Bilder der Fahrzeugkameras.

Aus den Bildern der Fahrzeugkamera werden zunächst markante Punkte extrahiert und Korrespondenzen zwischen linkem und rechtem Kamerabild sowie zwischen zeitlich aufeinanderfolgenden Bildern bestimmt. Im Unterschied zu einer dichten Korrespondenzsuche für alle Bildpunkte lässt sich durch die Beschränkung auf wenige markante Punkte der Rechenaufwand deutlich reduzieren, was für den Praxiseinsatz im Fahrzeug von großer Bedeutung ist. Für die Detektion der markanten Punkte wurde mit dem CenSurE-Detektor außerdem ein Verfahren gewählt, das ebenfalls einen sehr geringen Rechenbedarf aufweist.

Anhand der gefundenen Korrespondenzen werden sowohl die Landmarken extrahiert als auch die Fahrzeugeigenbewegung geschätzt. Für die Bestimmung der Landmarkengeometrie wird zusätzlich eine Segmentierung anhand der Filterantwort des CenSurE-Detektors eingesetzt. Die Bildsegmentierung anhand der Filterantwort hat den Vorteil, dass sie weitgehend unabhängig von Helligkeits- und Kontraständerungen der Szene ist.

Ausgangspunkt für die Landmarkenkarte sind Luftbilder, aus denen in einem halbautomatischen Verfahren Fahrbahnmarkierungen als Landmarken extrahiert werden. Dazu wird das Luftbild mit Hilfe von manuell vorgegebenen Trainingsbeispielen zunächst pixelweise klassifiziert. Aus dem Klassifikationsergebnis wird dann eine geometrische Beschreibung der Landmarken gewonnen.

Um den manuellen Trainingsaufwand möglichst gering zu halten, wurde ein rotationsinvarianter Deskriptor zur Luftbildklassifikation eingeführt, sowie ein Verfahren zur regelbasierten Bestimmung von Fahrstreifenbegrenzungen, mit dessen Hilfe die erkannten Markierungen plausibilisiert und Falschdetektionen entfernt werden können. Das vorgestellte Verfahren zur Kartenerstellung ist aufgrund der manuellen Trainingsphase flexibel einsetzbar und ermöglicht dennoch die Kartenerstellung für ausgedehnte Gebiete mit geringem Aufwand.

Das Ergebnis ist eine Landmarkenkarte $\mathcal{L}$, die Positionen im Weltkoordinatensystem und Merkmale der detektierten Landmarken enthält, sowie beobachtete Landmarken im Fahrzeug $\mathcal{M}$, ebenfalls bestehend aus ihrer Position im Koordinatensystem der Fahrzeugkamera sowie einem Merkmalsvektor. Diese stellen die Grundlage für das in Kapitel 3 vorgestellte Lokalisierungsverfahren dar.

Das Ergebnis der Eigenbewegungsschätzung, also die Geschwindigkeit $\mathbf{v}_K^K = (v_{K,x}^K, v_{K,y}^K, v_{K,z}^K)^\mathrm{T}$ und die Winkelgeschwindigkeit $\boldsymbol{\omega}_K^K = (\omega_{K,\theta}^K, \omega_{K,\varphi}^K, \omega_{K,\psi}^K)^\mathrm{T}$ des Fahrzeugs zwischen zwei aufeinanderfolgenden Bildaufnahmen, wird im folgenden Kapitel als zusätzliche Beobachtung für die Positionsschätzung verwendet.

5 Rekursive Bestimmung der Fahrzeugposition

Die rekursive Schätzung des Fahrzeugzustands anhand der in den vorherigen Kapiteln eingeführten diskreten Beobachtungen soll mit Hilfe eines *rekursiven Bayesschen Schätzers* (vgl. Anhang A.1) erfolgen. Charakteristisch für diese Filter ist die *Prädiktor-Korrektor-Struktur*, bei der die Wahrscheinlichkeitsverteilung des Fahrzeugzustands mit Hilfe eines Bewegungsmodells zeitlich fortgeschrieben und beim Eintreffen einer neuen Beobachtung aktualisiert wird.

In diesem Kapitel erfolgt die Herleitung der Modelle, die für einen solchen Bayesschen Schätzer erforderlich sind. Dies umfasst ein Systemmodell zur zeitlichen Verfolgung des Fahrzeugzustands sowie Modelle für die in Kapitel 3 eingeführten Beobachtungen der Kameraposition und die in Kapitel 4.3.3 vorgestellten Beobachtungen der Kamerabewegung.

Hierfür werden zunächst in Kapitel 5.1 Modelle zur Zustandsschätzung aus den Bereichen der Fahrzeuglokalisierung, der Flugzeuglokalisierung und der Robotik untersucht. Anhand der Ergebnisse wird in Kapitel 5.2 ein für die Landmarkenlokalisierung geeignetes Bewegungsmodell hergeleitet. Die ebenfalls benötigten Beobachtungsmodelle werden in Kapitel 5.3 vorgestellt.

Vorbemerkungen

Im Rahmen der bisherigen Überlegungen wurden zwei Beobachtungen hergeleitet, die für die Bestimmung des Fahrzeugzustands verwendet werden sollen (vgl. Kapitel 2.2 für die verwendeten Koordinatensysteme):

- Die Beobachtung von Position und Orientierung der Kamera $\mathbf{p}_K^{\mathrm{W}} = (x_K^{\mathrm{W}}, y_K^{\mathrm{W}}, z_K^{\mathrm{W}}, \psi_K^{\mathrm{W}}, \varphi_K^{\mathrm{W}}, \theta_K^{\mathrm{W}})^{\mathrm{T}}$ im Weltkoordinatensystem als Ergebnis der landmarkenbasierten Lokalisierung in Kapitel 3. Diese Beobachtung ermöglicht die Schätzung der absoluten Fahrzeugposition im Weltkoordinatensystem, kann aber für längere Zeit ausbleiben, wenn beispielsweise keine Markierungen in der Umgebung vorhanden sind.

- Die Translation und Rotation der Kamera zur Umgebung zwischen aufeinanderfolgenden Aufnahmezeitpunkten bezogen auf das Kamerakoordinatensystem $(\mathbf{v}_K^K, \boldsymbol{\omega}_K^K)^\mathrm{T} = (v_{K,x}^K, v_{K,y}^K, v_{K,z}^K, \omega_{K,\theta}^K, \omega_{K,\varphi}^K, \omega_{K,\psi}^K)^\mathrm{T}$, welche aus der kamerabasierten Eigenbewegungsschätzung in Kapitel 4.3.3 bestimmt wurde. Eine Schätzung der absoluten Fahrzeugposition aus der Eigenbewegung ist nicht möglich, dafür kann diese Beobachtung sehr zuverlässig mit einer Frequenz von 10 Hz für jedes Bildpaar bestimmt werden.

Die Beobachtungsmodelle für die Verwendung dieser Beobachtungen in einem Bayesschen Schätzer werden in Kapitel 5.3 eingeführt. Eine Erweiterung des Systems auf weitere Beobachtungen, beispielsweise GPS oder Odometriedaten ist ohne weiteres möglich und erfordert lediglich den Entwurf eines entsprechend angepassten Beobachtungsmodells.

Eine Besonderheit der verwendeten Landmarkenkarte ist, dass die zugrundeliegenden Luftbilder und damit auch die Landmarkenkarte keine Höheninformation enthält. Aus diesem Grund liefert auch die beobachtete Kameraposition nicht die absolute Höhe im geographischen Referenzsystem, sondern lediglich die Höhe der Fahrzeugkamera über der Kartenebene, welche sich ausschließlich aufgrund der Bewegungen des Fahrzeugaufbaus ändert. Entsprechend sind auch die beobachteten Nick- und Wankwinkel auf die Kartenebene bezogen und entstehen aus den Bewegungen des Fahrzeugaufbaus.

Auf der anderen Seite bedeutet dies auch, dass die Schätzung der Fahrzeugbewegung, genauer des Fahrzeugschwerpunkts, ausschließlich in der Kartenebene erfolgen kann. Damit ist für die Fahrzeugbewegung ein Modell in der Ebene nicht nur ausreichend, sondern aufgrund der nicht beobachtbaren absoluten Höhe und absoluten Orientierung unbedingt erforderlich.

Aus diesem Grund erfolgt die Modellierung der Fahrzeugbewegung getrennt für die Bewegung in der Kartenebene und für die Bewegungen des Fahrzeugaufbaus. Der Entwurf des Modells für die Bewegung des Fahrzeugs in der Ebene erfolgt in Kapitel 5.2.1 und für die Bewegungen des Fahrzeugaufbaus in Kapitel 5.2.2.

Ziel des Modellentwurfs ist dabei nicht die genaue Nachbildung der Fahrzeugdynamik, sondern eine möglichst allgemeingültige Formulierung des Fahrzeugmodells, bei der die Anzahl der vorzugebenden Parameter klein gehalten wird. Dennoch soll die Fahrzeugbewegung ausreichend genau abgebildet werden, so dass eine bildbasierte Lokalisierung möglich wird.

Für die Beobachtungen, insbesondere der Kamerapositionen, bedeutet dies, dass keine festen Abtastintervalle der Sensoren vorgegeben werden sollen. Das

System sollte auch mit dem Ausfall einzelner Sensordaten für einen kurzen Zeitraum zurechtkommen.

5.1   Bekannte Verfahren

Beim Entwurf eines Bewegungsmodells für eine videobasierte Selbstlokalisierung von Straßenfahrzeugen kann auf eine große Zahl bestehender Modelle aus verschiedenen Forschungsbereichen zurückgegriffen werden:

- Die in der Robotik verbreiteten Modelle aus der landmarkenbasierten Lokalisierung modellieren meistens nur eine Bewegung in der Ebene. Kinematische Einschränkungen werden dabei häufig nicht berücksichtigt, oder sind speziell an den verwendeten Roboter angepasst [*Thrun et al.* 2005].

- Ebenfalls ohne die Modellierung kinematischer Einschränkungen kommen integrierte Navigationssysteme aus, die sehr genaue Lagesensoren verwenden und vornehmlich für den Einsatz in Flugzeugen konzipiert sind [*Titterton und Weston* 2004; *Wendel* 2007].

- Bei der satellitenbasierten Lokalisierung von Straßenfahrzeugen werden in der Regel wesentlich einfachere Sensoren verwendet. Genauigkeitsverbesserungen können aber durch den Einsatz von Bewegungsmodellen erzielt werden, die sich speziell an den kinematischen und dynamischen Eigenschaften der Fahrzeuge orientieren [*Schubert et al.* 2008; *Skog und Händel* 2009].

Für den Entwurf des Bewegungsmodells lassen sich aus allen Bereichen wichtige Erkenntnisse gewinnen. Von besonderem Interesse für den Entwurf sind Systeme aus dem Bereich der satellitenbasierten Fahrzeuglokalisierung, da sie speziell auf die Kinematik eines Straßenfahrzeugs ausgelegt sind. Diese Systeme werden in Kapitel 5.1.1 untersucht.

In Kapitel 5.1.2 werden Verfahren aus dem Bereich der Flugzeuglokalisierung vorgestellt und Gemeinsamkeiten und Unterschiede zu landmarkenbasierten Verfahren aus der Robotik diskutiert.

Ziel dieses Kapitels ist die Untersuchung der wesentlichen Eigenschaften, Besonderheiten und Anwendungsgebiete der unterschiedlichen Modelle. Einen weitergehenden Überblick der Verfahren geben beispielsweise [*Bar-Shalom und Li* 1993] oder [*Li und Jilkov* 2003], die sowohl Verfahren aus dem Bereich der Fahrzeug- als auch aus dem Bereich der Flugzeuglokalisierung behandeln.

Bezeichnung	Zustandsgrößen	Literatur
Konstante Geschwindigkeit	$x^{\mathrm{W}}, y^{\mathrm{W}}, \dot{x}^{\mathrm{W}}, \dot{y}^{\mathrm{W}}$	[*Bar-Shalom et al.* 2001] [*Li und Jilkov* 2003] [*Schubert et al.* 2008]
Konstante Beschleunigung	$x^{\mathrm{W}}, y^{\mathrm{W}}, \dot{x}^{\mathrm{W}}, \dot{y}^{\mathrm{W}}, \ddot{x}^{\mathrm{W}}, \ddot{y}^{\mathrm{W}}$	[*Bar-Shalom et al.* 2001] [*Li und Jilkov* 2003] [*Schubert et al.* 2008]
Konstanter Ruck	$x^{\mathrm{W}}, y^{\mathrm{W}}, \ldots, \dddot{x}^{\mathrm{W}}, \dddot{y}^{\mathrm{W}}$	[*Li und Jilkov* 2003]
Konstante Drehrate	$x^{\mathrm{W}}, y^{\mathrm{W}}, \dot{x}^{\mathrm{F}}, \psi^{\mathrm{F}}, \dot{\psi}^{\mathrm{F}}$	[*Bar-Shalom et al.* 2001] [*Li und Jilkov* 2003] [*Schubert et al.* 2008]
Konstante Drehrate und Beschleunigung	$x^{\mathrm{W}}, y^{\mathrm{W}}, \dot{x}^{\mathrm{F}}, \ddot{x}^{\mathrm{F}}, \psi^{\mathrm{F}}, \dot{\psi}^{\mathrm{F}}$	[*Tsogas et al.* 2005] [*Schubert et al.* 2008]
Konstante Krümmung und Beschleunigung	$x^{\mathrm{W}}, y^{\mathrm{W}}, \dot{x}^{\mathrm{F}}, \ddot{x}^{\mathrm{F}}, \psi^{\mathrm{F}}, \frac{\dot{\psi}^{\mathrm{F}}}{\ddot{x}^{\mathrm{F}}}$	[*Schubert et al.* 2008]

Tabelle 5.1: Modelle für die Fahrzeugbewegung in der Ebene.

5.1.1 Bewegungsmodelle für Straßenfahrzeuge

Im Fahrzeugbereich kommt eine Vielzahl von Sensoren zum Einsatz, die zur Verbesserung des Lokalisierungsergebnisses verwendet werden können. Diese variieren je nach Fahrzeugtyp und reichen von einachsigen Gierratensensoren oder Odometriesignalen bis zu Magnetfeldsensoren oder mehrachsigen Inertialsensoren [*Abbott und Powell* 1999; *Winner et al.* 2009].

Abhängig von der jeweils verwendeten Sensorik und deren Genauigkeit kommt im Fahrzeugbereich eine entsprechend große Zahl verschiedener Bewegungsmodelle zur Sensordatenfusion zum Einsatz. Tabelle 5.1 gibt einen Überblick der geläufigsten Bewegungsmodelle und deren Zustandsgrößen, sowie Verweise auf Literatur zur Herleitung der Modelle.

Eine ausführliche Gegenüberstellung verschiedener Modelle liefern [*Schubert et al.* 2008]. Von den betrachteten Modellen wurden mit dem Modell konstanter Drehrate und Beschleunigung die besten Ergebnisse erzielt, gefolgt vom Modell konstanter Drehrate und Geschwindigkeit. Eine Schlussfolgerung der Autoren ist, dass ein Modell höherer Komplexität nicht notwendigerweise zu besseren Ergebnissen führt. So liefert die Modellierung einer konstanten Krümmung anstatt einer konstanten Drehrate trotz deutlich gestiegener Komplexität keine besseren Ergebnisse.

Allgemein lässt sich feststellen, dass Modelle, welche die Fahrzeugkinematik berücksichtigen, gerade bei der Verwendung einfacher Sensoren wie GPS oder Odometrie eine Genauigkeitsverbesserung der Schätzung ermöglichen. Dagegen ist bei der Verwendung eines genauen GPS/INS-Systems die Verwendung eines allgemeinen Modells, beispielsweise konstanter Beschleunigung, vorteilhaft [*Böhringer* 2008].

Dies kann damit begründet werden, dass die Modelle konstanter Drehrate oder konstanter Krümmung die Fahrzeugkinematik ebenfalls nur unzureichend beschreiben, insbesondere die Tatsache, dass Fahrzeuglängsachse und Bewegungsrichtung im Allgemeinen nicht zusammenfallen [*Ammon* 1997; *Mitschke und Wallentowitz* 2004]. Dies macht die zusätzliche Berücksichtigung des Schwimmwinkels β im Bewegungsmodell erforderlich. Ein solches Modell, das die Kinematik und Dynamik des *Einspurmodells* berücksichtigt, stellen [*Rezaei und Sengupta* 2007] vor. Bei konstanter Fahrzeuggeschwindigkeit entspricht dies einer *stationären Kreisfahrt* [*Ammon* 1997; *Mitschke und Wallentowitz* 2004]. Weitere Fahrzeugmodelle höherer Komplexität finden sich beispielsweise in [*Huang und Tan* 2006; *Dissanayake et al.* 2001; *Bevly et al.* 2006].

Detaillierte und komplexe Bewegungsmodelle besitzen jedoch den Nachteil, dass sie häufig auf eine bestimmte Fahrsituation, beispielsweise Autobahn- oder Stadtverkehr spezialisiert sind, oder dass sie an einen bestimmten Fahrzeugtyp angepasst sind [*Skog und Händel* 2009]. Zwar lässt sich mit solchen Modellen, beispielsweise dem von [*Dissanayake et al.* 2001] vorgeschlagenen System, oftmals eine weitere Verbesserung der Schätzung erzielen, allerdings nur unter der Voraussetzung, dass eine große Zahl an Fahrzeugparametern genau vorgegeben wird.

Eine mögliche Lösung für dieses Problem stellen *Interacting Multiple Model (IMM)* Filter [*Bar-Shalom et al.* 2001] dar, bei denen die Schätzung parallel mit mehreren Modellen durchgeführt und jeweils die beste Schätzung ausgewählt wird. Beispiele für solche Systeme finden sich in [*Kämpchen et al.* 2004] oder [*Ndjeng et al.* 2010].

5.1.2 Integrierte Navigation und Landmarkenlokalisierung

Integrierte Navigationssysteme, ursprünglich vor allem für die Lokalisierung von Flugzeugen entwickelt, kombinieren eine genaue Satellitenortung, meistens mit Hilfe von Korrektursignalen, mit einem *Inertialnavigationssystem* (engl. *In-

ertial Navigation System, INS) zur Bestimmung einer genauen und ausfallsicheren Schätzung der Pose. Die hierfür verwendete *Inertial Measurement Unit (IMU)* besteht aus drei Beschleunigungssensoren für die translatorische Bewegung und drei Drehratensensoren zur Bestimmung der Rotationen [*Bar-Shalom et al.* 2001].

Die Lageintegration aus den Messungen der Inertialsensoren erfolgt in einem sogenannten *Strapdown-Algorithmus* [*Titterton und Weston* 2004; *Wendel* 2007]. Für die Integration der Beschleunigungen und der Drehraten ist dabei mindestens ein Bewegungsmodell dritter Ordnung erforderlich, bei welchem die Änderungen der Beschleunigungen als Rauschen modelliert werden.

Neben der höheren Genauigkeit der verwendeten Sensoren liegt ein wesentlicher Unterschied zu den im Fahrzeugbereich verbreiteten Methoden in der Verarbeitung der Satellitendaten. Hier wird bei satellitenbasierten Systemen unterschieden zwischen der *Tightly Coupled* Verarbeitung und der *Loosely Coupled* Verarbeitung. Bei der Tightly Coupled Verarbeitung gehen die Messungen der Signallaufzeiten (*Pseudoranges*) und der Laufzeitänderungen (*Deltaranges*) zu den einzelnen Satelliten direkt in das Positionsfilter ein. Bei der Loosely Coupled Verarbeitung wird zunächst aus den Pseudoranges und Deltaranges ein Schätzwert für die Position bestimmt. Dieser geht dann als Beobachtung in das Positionsfilter ein [*Wendel* 2007]. Dies entspricht auch der im Bereich von Straßenfahrzeugen gängigen Art der Verarbeitung.

Dabei ist zu berücksichtigen, dass die Loosely Coupled Verarbeitung zu einer überoptimistischen Schätzung der Fahrzeugposition führen kann. Dies ist insbesondere dann der Fall, wenn für die Bestimmung der Positionen und Geschwindigkeiten aus den Satellitendaten ein weiteres Filter mit stark korrelierten Zustandsgrößen eingesetzt wird, diese Korrelationen bei der weiteren Verarbeitung aber nicht berücksichtigt werden. Demgegenüber steht die einfache Schnittstelle zwischen Sensorik und Lokalisierung, die lediglich aus einer unsicherheitsbehafteten Positions- bzw. Geschwindigkeitsmessung besteht.

Ein wesentlicher Nachteil der Tightly Coupled Verarbeitung ist der erhöhte Integrationsaufwand beim Systementwurf. Darüber hinaus erfordert der Austausch eines Sensors tiefe Eingriffe ins System und gegebenenfalls Anpassungen des Schätzmodells. Demgegenüber steht der Vorteil, dass bereits die Beobachtung eines einzelnen Satelliten zur Verbesserung der Positionsschätzung verwendet werden kann, während ein Loosely Coupled System die Beobachtungen von mindestens vier Satelliten erfordert.

Die bisherigen Überlegungen lassen sich auch auf Verfahren zur landmarkenbasierten Lokalisierung übertragen. Die Tightly Coupled Verarbeitung entspricht hierbei der in der Robotik vorherrschenden direkten Verwendung der einzelnen Landmarken als Beobachtungen [*Montemerlo et al.* 2002; *Levinson et al.* 2007].

Entsprechend besteht auch bei der landmarkenbasierten Lokalisierung die Möglichkeit einer Loosely Coupled Verarbeitung, also zunächst aus der Gesamtheit der beobachteten Landmarken in einem Zeitschritt die Position zu schätzen und diese als Beobachtungen des Positionsfilters zu verwenden.

Die im Bereich der Robotik verwendeten Bewegungsmodelle verzichten zwar wie die Modelle aus der Inertialnavigation meistens auf die Berücksichtigung einer Kinematik. In der Regel sind sie aber aufgrund der eingesetzten einfacheren Sensorik deutlich einfacher strukturiert, oder schätzen, gerade für die Lokalisierung innerhalb von Gebäuden, lediglich die Position in der Ebene. Zur Fusion der Landmarkenbeobachtungen mit Odometriesignalen ist ähnlich zur Fahrzeuglokalisierung das Modell konstanter Geschwindigkeit verbreitet [*Thrun et al.* 2005].

5.2 Bewegungsmodell

In diesem Kapitel wird ein Bewegungsmodell hergeleitet, das für die Verarbeitung von Positions- und Geschwindigkeitsmessungen geeignet ist, und dabei sowohl allgemeine kinematische als auch für die Videoauswertung relevante dynamische Eigenschaften eines Fahrzeugs berücksichtigt.

Für die Bewegung des Fahrzeugschwerpunkts in der x^{w}-y^{w}-Ebene kann hierfür auf den in Kapitel 5.1.1 vorgestellten Modellen aus dem Bereich der satellitenbasierten Fahrzeuglokalisierung aufgebaut werden. Darüber hinaus erfordert die videobasierte Lokalisierung auch die Erfassung von Bewegungen des Fahrzeugaufbaus und damit der Kameraplattform.

Der Entwurf erfolgt dabei getrennt für die Bewegung des Fahrzeugschwerpunkts in der Ebene in Kapitel 5.2.1 und für Bewegungen des Fahrzeugaufbaus in Kapitel 5.2.2.

5.2.1 Bewegung des Fahrzeugs in der Ebene

Für die Erfassung von Position und Orientierung des Fahrzeugs in der Ebene sind zunächst drei Zustandsgrößen erforderlich. Diese sind die Position $(x_F^{\mathrm{w}}, y_F^{\mathrm{w}})^{\mathrm{T}}$ sowie der Gierwinkel ψ_F^{w} des Fahrzeugs. Für jede Ableitung, die außerdem im Bewegungsmodell berücksichtigt werden soll, sind weitere drei Zustandsgrößen erforderlich.

Beim Entwurf des Bewegungsmodells sollen neben Position und Orientierung noch deren erste Ableitungen, also Rotation und Translation des Fahrzeugs berücksichtigt werden. Dabei ist für die Lokalisierung von Straßenfahrzeugen vorteilhaft, anstelle der Geschwindigkeitskomponenten $v_{F,x}^{W}$ und $v_{F,y}^{W}$ in der x^{W}-y^{W}-Ebene den Geschwindigkeitsbetrag v_{xy} und den Kurswinkel α in den Zustandsvektor aufzunehmen [*Li und Jilkov* 2003; *Schubert et al.* 2008]. Diese Modellierung bildet die tatsächlichen Verhältnisse im Fahrzeug besser ab, bei der Lenkmanöver und Beschleunigungs- bzw. Bremsmanöver entkoppelt sind, nicht aber die Bewegung in Längs- und Querrichtung.

Entsprechend der Kinematik des *Einspurmodells* [*Ammon* 1997; *Mitschke und Wallentowitz* 2004] wird der Zusammenhang zwischen Gierwinkel ψ_{F}^{W} und Kurswinkel α über den Schwimmwinkel β hergestellt,

$$\alpha(t_k) = \psi_{F}^{W}(t_k) + \beta(t_k) \, . \tag{5.1}$$

Dieser Zusammenhang wird für satellitenbasierte Lokalisierungssysteme häufig vernachlässigt. Für ein kamerabasiertes System ist dieser jedoch von großer Bedeutung, da mit dem Gierwinkel ψ auch die Blickrichtung der Kamera bei Kurvenfahrt nicht mit der Bewegungsrichtung übereinstimmt.

Insgesamt ergeben sich damit die 6 Zustandsgrößen x_{F}^{W}, y_{F}^{W}, v_{xy}, ψ_{F}^{W}, $\omega_{F,\psi}^{F}$ und β für die Bewegung in der Ebene.

Aus Abbildung 5.1 lässt sich die Änderung der Position des Fahrzeugs in der x^{W}-y^{W}-Ebene zwischen zwei Abtastzeitpunkten t_k und $t_{k+1} = t_k + T_k$ ableiten:

$$\begin{pmatrix} x_{F}^{W}(t_{k+1}) \\ y_{F}^{W}(t_{k+1}) \end{pmatrix} = \begin{pmatrix} x_{F}^{W}(t_k) \\ y_{F}^{W}(t_k) \end{pmatrix} + \mathbf{R}_1 \cdot \underbrace{\left(\begin{pmatrix} 0 \\ r \end{pmatrix} + \mathbf{R}_2 \cdot \begin{pmatrix} 0 \\ -r \end{pmatrix} \right)}_{=\Delta \mathbf{x}} , \tag{5.2}$$

mit

$$\mathbf{R}_1 = \begin{pmatrix} \cos(\alpha(t_k)) & -\sin(\alpha(t_k)) \\ \sin(\alpha(t_k)) & \cos(\alpha(t_k)) \end{pmatrix} , \tag{5.3}$$

$$\mathbf{R}_2 = \begin{pmatrix} \cos(\omega_{F,\psi}^{F}(t_k) \cdot T_k) & -\sin(\omega_{F,\psi}^{F}(t_k) \cdot T_k) \\ \sin(\omega_{F,\psi}^{F}(t_k) \cdot T_k) & \cos(\omega_{F,\psi}^{F}(t_k) \cdot T_k) \end{pmatrix} \tag{5.4}$$

und

$$r = \frac{v_{xy}(t_k)}{\omega_{F,\psi}^{F}(t_k)} \, . \tag{5.5}$$

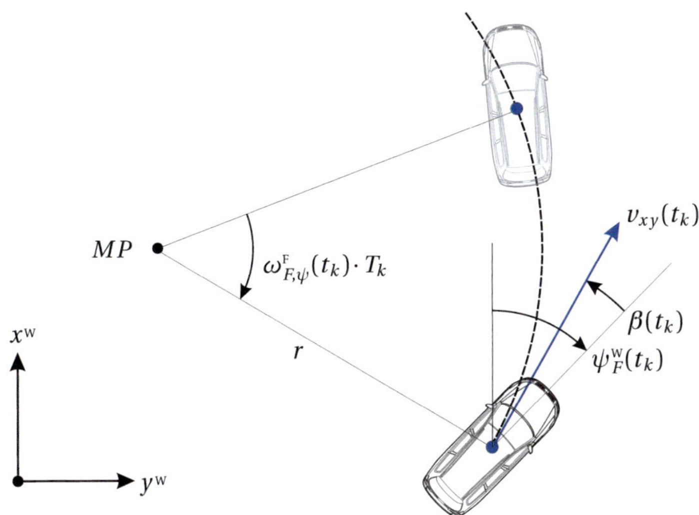

Abbildung 5.1: Bewegung des Fahrzeugs in der x^{W}-y^{W}-Ebene. Der Fahrzeugschwerpunkt bewegt sich mit der Geschwindigkeit $v_{xy}(t_k)$ auf einer Kreisbahn um den Momentanpol MP. Der Schwimmwinkel β bezeichnet den Winkel zwischen der Bewegungsrichtung des Fahrzeugs und der Fahrzeuglängsachse.

Durch Einsetzen in Gleichung 5.2 ergibt sich damit für $\Delta\mathbf{x}$ die Gleichung

$$\Delta\mathbf{x} = v_{xy}(t_k)\cdot T_k \cdot \begin{pmatrix} \dfrac{\sin(\omega^{\mathrm{F}}_{F,\psi}(t_k)\cdot T_k)}{\omega^{\mathrm{F}}_{F,\psi}(t_k)\cdot T_k} \\ \dfrac{1-\cos(\omega^{\mathrm{F}}_{F,\psi}(t_k)\cdot T_k)}{\omega^{\mathrm{F}}_{F,\psi}(t_k)\cdot T_k} \end{pmatrix}, \tag{5.6}$$

welche sowohl in x- als auch in y-Richtung für $\omega^{\mathrm{F}}_{F,\psi} = 0$ stetig ist. Für kleine Gierraten $\omega^{\mathrm{F}}_{F,\psi}$ erfolgt die Bestimmung von $\Delta\mathbf{x}$ über eine Taylorreihenapproximation um $\omega^{\mathrm{F}}_{F,\psi} = 0$.

Die Zustandsgleichung für den Gierwinkel lautet

$$\psi^{\mathrm{W}}_{F}(t_{k+1}) = \psi^{\mathrm{W}}_{F}(t_k) + \omega^{\mathrm{F}}_{F,\psi}(t_k)\cdot T_k . \tag{5.7}$$

Die Geschwindigkeit in der x-y-Ebene sowie der Schwimmwinkel β werden als konstant modelliert:

$$\begin{pmatrix} v_{xy}(t_{k+1}) \\ \omega^{\mathrm{F}}_{F,\psi}(t_{k+1}) \\ \beta(t_{k+1}) \end{pmatrix} = \begin{pmatrix} v_{xy}(t_k) \\ \omega^{\mathrm{F}}_{F,\psi}(t_k) \\ \beta(t_k) \end{pmatrix} \tag{5.8}$$

Dieses Modell der stationären Kreisfahrt um den Momentanpol *MP* entspricht dem Modell konstanter Geschwindigkeit und Winkelgeschwindigkeit mit zusätzlicher Berücksichtigung des Schwimmwinkels β. Dieses Modell stellt einen guten Kompromiss zwischen Komplexität und Genauigkeit der Schätzung dar und findet sowohl bei der satellitenbasierten als auch bei der landmarkenbasierten Fahrzeuglokalisierung Anwendung [*Scheunert et al.* 2004; *Schubert et al.* 2008].

5.2.2 Bewegungen des Fahrzeugaufbaus

Die Modellierung der Nick- Wank- und Hubbewegungen des Fahrzeugaufbaus erfordert die Einführung von 6 weiteren Zustandsgrößen. Diese sind der Nickwinkel φ^{W}_F, der Wankwinkel θ^{W}_F, die Höhe Δz des Fahrzeugschwerpunkts über der konstanten Ruhelage z_0, sowie den Ableitungen $\omega^{\mathrm{F}}_{F,\varphi}$, $\omega^{\mathrm{F}}_{F,\theta}$ und $v_{F,\Delta z}$.

Beim Entwurf des Modells ist sicherzustellen, dass die Winkel auch beim Ausbleiben neuer Messungen begrenzt bleiben, das Systemmodell also ohne äußere Anregung einer stabilen Ruhelage zustrebt. Ein Modell konstanter Winkelgeschwindigkeit ist hier nicht geeignet, da dieses zu einem stetigen Anstieg und damit zu unrealistisch großen Nick- und Wankwinkeln führen würde.

Nach [*Mitschke und Wallentowitz* 2004] lassen sich Nick- Wank- und Hubbewegungen näherungsweise als voneinander entkoppelte harmonische Schwingungen modellieren. Die Dämpfung D und die Eigenfrequenz v sind dabei für alle Bewegungen in guter Näherung gleich groß. Externe Anregungen durch Fahrbahnunebenheiten, durch Beschleunigungs- und Bremsmanöver sowie durch Kurvenfahrten werden als Systemrauschen modelliert.

Die Differenzengleichung für die harmonische Schwingung lässt sich über den Funktionswert zum Zeitpunkt t_k und dessen diskrete Ableitung darstellen. Für den Nickwinkel lautet sie

$$\varphi^{\mathrm{W}}_F(t_{k+1}) = c_1(T_k) \cdot \varphi^{\mathrm{W}}_F(t_k) + c_2(T_k) \cdot \omega^{\mathrm{F}}_{F,\varphi}(t_k). \tag{5.9}$$

Dabei ist $\omega^{\mathrm{F}}_{F,\varphi}(t_k) = \frac{\varphi^{\mathrm{W}}_F(t_k) - \varphi^{\mathrm{W}}_F(t_{k-1})}{T_{k-1}}$ die Änderung des Nickwinkels im Intervall T_{k-1}.

Die vom Abtastintervall T_k abhängigen Koeffizienten $c_1(t_k)$ und $c_2(t_k)$ lassen sich aus der kontinuierlichen Schwingungsdifferentialgleichung bestimmen zu

$$c_1(T_k) = \frac{e^{\lambda_2 T_k - \lambda_1 T_k} - e^{\lambda_1 T_k - \lambda_2 T_k} + e^{-\lambda_2 T_k} - e^{-\lambda_1 T_k}}{e^{\lambda_1 T_k} - e^{\lambda_2 T_k}} \tag{5.10}$$

$$c_2(T_k) = \frac{e^{-\lambda_2 T_k} - e^{-\lambda_1 T_k}}{e^{\lambda_1 T_k} - e^{\lambda_2 T_k}} \cdot T_k \,, \tag{5.11}$$

wobei λ_1 und λ_2 die Eigenwerte der harmonischen Schwingungsdifferentialgleichung sind,

$$\lambda_{1,2} = v \cdot \left(D \pm \sqrt{D^2 - 1} \right) \,. \tag{5.12}$$

In Matrixschreibweise lauten die Zustandsgleichungen für die Nickbewegung

$$\begin{pmatrix} \varphi_F^{\mathrm{W}}(t_{k+1}) \\ \omega_{F,\varphi}^{\mathrm{F}}(t_{k+1}) \end{pmatrix} = \begin{pmatrix} c_1(T_k) & c_2(T_k) \\ c_1(T_k)-1 & c_2(T_k) \end{pmatrix} \cdot \begin{pmatrix} \varphi_F^{\mathrm{W}}(t_k) \\ \omega_{F,\varphi}^{\mathrm{F}}(t_k) \end{pmatrix} \tag{5.13}$$

und analog für die Wankbewegung und die Hubbewegung

$$\begin{pmatrix} \theta_F^{\mathrm{W}}(t_{k+1}) \\ \omega_{F,\theta}^{\mathrm{F}}(t_{k+1}) \end{pmatrix} = \begin{pmatrix} c_1(T_k) & c_2(T_k) \\ c_1(T_k)-1 & c_2(T_k) \end{pmatrix} \cdot \begin{pmatrix} \theta_F^{\mathrm{W}}(t_k) \\ \omega_{F,\theta}^{\mathrm{F}}(t_k) \end{pmatrix} \,, \tag{5.14}$$

$$\begin{pmatrix} \Delta z(t_{k+1}) \\ v_{F,\Delta z}(t_{k+1}) \end{pmatrix} = \begin{pmatrix} c_1(T_k) & c_2(T_k) \\ c_1(T_k)-1 & c_2(T_k) \end{pmatrix} \cdot \begin{pmatrix} \Delta z(t_k) \\ v_{F,\Delta z}(t_k) \end{pmatrix} \,. \tag{5.15}$$

Für den Einsatz dieses Modells sind noch geeignete Werte für die Eigenfrequenz und die Dämpfung des Fahrzeugaufbaus zu bestimmen. Charakteristische Werte hierfür können der Literatur entnommen werden, beispielsweise [*Mitschke und Wallentowitz* 2004; *Ammon* 1997].

5.3 Beobachtungsmodelle

Für die Schätzung der Fahrzeugposition sollen zwei verschiedene Arten von Beobachtungen verwendet werden, deren Bestimmung in den vorangegangenen Kapiteln vorgestellt wurde. Dies ist zum einen die Translation und Rotation der Fahrzeugkamera zwischen aufeinanderfolgenden Abtastzeitpunkten bezogen auf das Kamerakoordinatensystem, und zum anderen die absolute Position der rechten Fahrzeugkamera im Weltkoordinatensystem.

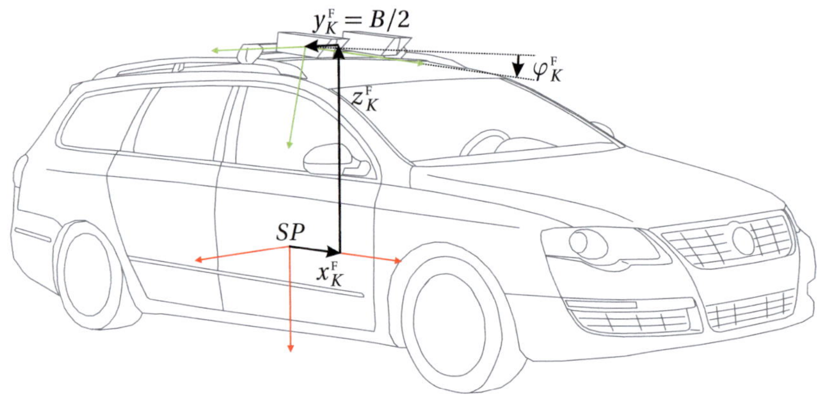

Abbildung 5.2: Beziehungen zwischen Fahrzeug- und Kamerakoordinatensystem.

Diese Formulierung der Beobachtungen entspricht der in Kapitel 5.1.2 diskutierten und im Bereich der satellitenbasierten Fahrzeuglokalisierung etablierten Loosely Coupled Verarbeitung. Verglichen mit der sonst in der Robotik verbreiteten Verwendung der einzelnen Landmarken als Beobachtungen bietet diese den Vorteil, dass die Beobachtungsgleichungen sehr allgemein gehalten sind und nicht an einen spezifischen Sensor angepasst werden müssen.

Für die Bestimmung der Beobachtungsgleichungen wird vorausgesetzt, dass der Einbauort der Kameras bezüglich des Fahrzeugschwerpunkts bekannt ist und die Kamera lediglich um die Fahrzeugquerachse um den bekannten Winkel φ_K^F rotiert ist. Abbildung 5.2 veranschaulicht die vorausgesetzten Beziehungen zwischen Fahrzeug- und Kamerakoordinatensystem.

Anhand dieser Beziehungen lassen sich nun Beobachtungsmodelle angeben, die den Zusammenhang zwischen den Beobachtungen und der Bewegung des Fahrzeugs darstellen.

5.3.1 Absolute Position

Ziel ist die Herstellung eines Zusammenhangs zwischen der beobachteten Kamerapose $\mathbf{p}_K^\mathrm{w} = (x_K^\mathrm{w}, y_K^\mathrm{w}, z_K^\mathrm{w}, \theta_K^\mathrm{w}, \varphi_K^\mathrm{w}, \psi_K^\mathrm{w})^\mathrm{T}$ im Weltkoordinatensystem und den Zustandsgrößen des Bewegungsmodells.

Die Fahrzeugposition $\mathbf{x}_F^{\mathrm{W}}$ im Weltkoordinatensystem lässt sich mit den Zustandsgrößen ausdrücken als

$$\mathbf{x}_F^{\mathrm{W}} = (x_F^{\mathrm{W}}, y_F^{\mathrm{W}}, \Delta z + z_0)^{\mathrm{T}} \, . \tag{5.16}$$

Mit der Rotationsmatrix $\mathbf{R}_F^{\mathrm{W}}$ des Fahrzeugs zum Weltkoordinatensystem ergeben sich daraus die Gleichungen für die beobachtete Position der Kamera

$$\begin{pmatrix} x_K^{\mathrm{W}}(t_k) \\ y_K^{\mathrm{W}}(t_k) \\ z_K^{\mathrm{W}}(t_k) \end{pmatrix} = \begin{pmatrix} x_F^{\mathrm{W}}(t_k) \\ y_F^{\mathrm{W}}(t_k) \\ z_0 + \Delta z(t_k) \end{pmatrix} + \mathbf{R}_F^{\mathrm{W}}(t_k) \cdot \begin{pmatrix} x_K^{\mathrm{F}}(t_k) \\ B/2 \\ z_K^{\mathrm{F}}(t_k) \end{pmatrix} \, . \tag{5.17}$$

Die Beobachtungsgleichung für die Orientierung ergibt sich aus der Rotationsmatrix $\mathbf{R}_K^{\mathrm{W}}$ der Kamera zum Weltkoordinatensystem. Mit der Rotationsmatrix $\mathbf{R}_F^{\mathrm{W}}$ des Fahrzeugs zum Weltkoordinatensystem und der Rotationsmatrix $\mathbf{R}_K^{\mathrm{F}}$ der Kamera zum Fahrzeugkoordinatensystem lautet diese

$$\mathbf{R}_K^{\mathrm{W}}(t_k) = \mathbf{R}_F^{\mathrm{W}}(t_k) \cdot \mathbf{R}_K^{\mathrm{F}}(t_k) = \mathbf{R}_F^{\mathrm{W}}(t_k) \cdot \begin{pmatrix} \cos\varphi_K^{\mathrm{F}}(t_k) & 0 & -\sin\varphi_K^{\mathrm{F}}(t_k) \\ 0 & 1 & 0 \\ \sin\varphi_K^{\mathrm{F}}(t_k) & 0 & \cos\varphi_K^{\mathrm{F}}(t_k) \end{pmatrix} \, . \tag{5.18}$$

Aus dieser Rotationsmatrix lassen sich unmittelbar Gleichungen für die beobachteten Winkel $(\theta_K^{\mathrm{W}}, \varphi_K^{\mathrm{W}}, \psi_K^{\mathrm{W}})^{\mathrm{T}}$ bestimmen. Die erforderliche Umrechnung von Rotationsmatrizen in Eulerwinkel ist in Anhang A.2 beschrieben.

5.3.2 Eigenbewegung

In Kapitel 4.3.3 wurde eine Methode vorgestellt, um aus den Bildsequenzen der Fahrzeugkamera Beobachtungen der translatorischen Geschwindigkeit $\mathbf{v}_K^{\mathrm{K}} = (v_{K,x}^{\mathrm{K}}, v_{K,y}^{\mathrm{K}}, v_{K,z}^{\mathrm{K}})^{\mathrm{T}}$ und der Rotationsgeschwindigkeit $\boldsymbol{\omega}_K^{\mathrm{K}} = (\omega_{K,\theta}^{\mathrm{K}}, \omega_{K,\varphi}^{\mathrm{K}}, \omega_{K,\psi}^{\mathrm{K}})^{\mathrm{T}}$ der Kamera zu bestimmen.

Im Folgenden wird ein Beobachtungsmodell für die Eigenbewegung hergeleitet, das den Zusammenhang zwischen diesen Beobachtungen und den Zustandsgrößen des Bewegungsmodells herstellt.

Die Geschwindigkeit der Kamera bezüglich des Weltkoordinatensystems $\mathbf{v}_K^{\mathrm{W}}$ ergibt sich aus der Fahrzeuggeschwindigkeit $\mathbf{v}_F^{\mathrm{W}}$, der Drehung um den Fahrzeugschwerpunkt $\boldsymbol{\omega}_F^{\mathrm{F}} = (\omega_{F,\theta}^{\mathrm{F}},\ \omega_{F,\varphi}^{\mathrm{F}},\omega_{F,\psi}^{\mathrm{F}})^{\mathrm{T}}$ und dem Einbauort der Kamera relativ zum Fahrzeugkoordinatensystem $\mathbf{x}_K^{\mathrm{F}}$ zu

$$\mathbf{v}_K^{\mathrm{W}}(t_k) = \mathbf{v}_F^{\mathrm{W}}(t_k) + \mathbf{R}_F^{\mathrm{W}}(t_k) \cdot \left(\boldsymbol{\omega}_F^{\mathrm{F}}(t_k) \times \mathbf{x}_K^{\mathrm{F}}\right)\,, \tag{5.19}$$

wobei die Rotationsmatrix $\mathbf{R}_F^{\mathrm{W}}$ aus den Winkeln ψ_F^{W}, φ_F^{W} und θ_F^{W} entsteht.

Die darin enthaltene Fahrzeuggeschwindigkeit $\mathbf{v}_F^{\mathrm{W}}$ lässt sich mit den Zustandsgrößen des Bewegungsmodells ausdrücken als

$$\mathbf{v}_F^{\mathrm{W}} = \begin{pmatrix} v_{xy} \cdot \cos(\psi_F^{\mathrm{W}} + \beta) \\ v_{xy} \cdot \sin(\psi_F^{\mathrm{W}} + \beta) \\ v_{F,z}^{\mathrm{K}} \end{pmatrix}\,. \tag{5.20}$$

Transformation von Gleichung 5.19 in das Kamerakoordinatensystem liefert die Beobachtungsgleichung für die Translation der Kamera

$$\begin{pmatrix} v_{K,x}^{\mathrm{K}}(t_k) \\ v_{K,y}^{\mathrm{K}}(t_k) \\ v_{K,z}^{\mathrm{K}}(t_k) \end{pmatrix} = \mathbf{R}_K^{\mathrm{W}\,-1}(t_k) \cdot \mathbf{v}_K^{\mathrm{W}}(t_k) = \mathbf{R}_K^{\mathrm{W}\,-1}(t_k) \cdot \left(\mathbf{v}_F^{\mathrm{W}}(t_k) + \mathbf{R}_F^{\mathrm{W}}(t_k) \cdot \boldsymbol{\omega}_F^{\mathrm{F}}(t_k) \times \mathbf{x}_K^{\mathrm{F}}\right)\,.$$

$$\tag{5.21}$$

Aufgrund der vorausgesetzten starren Verbindung von Kamera und Fahrzeug sind Rotation von Kamera und Fahrzeugschwerpunkt bezüglich desselben Koordinatensystems identisch, also $\boldsymbol{\omega}_K^{\mathrm{K}} = \boldsymbol{\omega}_F^{\mathrm{K}}$.

Die gesuchte Beobachtungsgleichung für die Rotation der Kamera ergibt sich damit unmittelbar aus der Transformation des Bezugskoordinatensystems

$$\begin{pmatrix} \omega_{K,\theta}^{\mathrm{K}}(t_k) \\ \omega_{K,\varphi}^{\mathrm{K}}(t_k) \\ \omega_{K,\psi}^{\mathrm{K}}(t_k) \end{pmatrix} = \mathbf{R}_K^{\mathrm{F}\,-1} \cdot \boldsymbol{\omega}_F^{\mathrm{K}}(t_k) = \begin{pmatrix} \cos\varphi_K^{\mathrm{F}}(t_k) & 0 & \sin\varphi_K^{\mathrm{F}}(t_k) \\ 0 & 1 & 0 \\ -\sin\varphi_K^{\mathrm{F}}(t_k) & 0 & \cos\varphi_K^{\mathrm{F}}(t_k) \end{pmatrix} \cdot \begin{pmatrix} \omega_{F,\theta}^{\mathrm{F}}(t_k) \\ \omega_{F,\varphi}^{\mathrm{F}}(t_k) \\ \omega_{F,\psi}^{\mathrm{F}}(t_k) \end{pmatrix}\,.$$

$$\tag{5.22}$$

Ergebnisse dieses Kapitels

In diesem Kapitel wurden Modelle zur Fusion mehrerer Beobachtungen in einer einzigen Schätzung des Fahrzeugzustands eingeführt.

Dazu wurden zunächst bestehende Verfahren aus dem Bereich der satellitenbasierten Lokalisierung und der landmarkenbasierten Lokalisierung untersucht.

Das Ergebnis ist eine Methode zur Verarbeitung der Beobachtungen in einem Bayesschen Schätzer, die sich an etablierten Verfahren aus dem Bereich der satellitenbasierten Fahrzeuglokalisierung orientiert.

In diesem Bereich existiert eine Vielzahl von Bewegungsmodellen, um die kinematischen und dynamischen Eigenschaften eines Fahrzeugs für die Zustandsschätzung zu nutzen. Aus diesen wurde ein Modell für die landmarkenbasierte Lokalisierung abgeleitet, das sich zusammensetzt aus einem Modell stationärer Kreisfahrt in der Ebene und einem Modell für die Bewegungen des Fahrzeugaufbaus.

Die Fusion in einem Bayesschen Schätzer erfordert außerdem Beobachtungsmodelle, die den Zusammenhang zwischen dem Fahrzeugzustand und den in den vorangegangenen Kapiteln eingeführten Beobachtungen herstellt. In diesem Kapitel wurden Modelle für Beobachtungen der Position und Orientierung, sowie für Beobachtungen der Translation und Rotation aufgestellt, wie sie aus den Bildern der Fahrzeugkamera bestimmt wurden.

Diese allgemeine Formulierung der Beobachtungen stellt keine Anforderungen an das verwendete Sensorprinzip, so dass sich grundsätzlich jeder Sensor einsetzen lässt, der eine Schätzung der Pose oder der Eigenbewegung bereitstellt. Auch die Integration zusätzlicher Sensoren in das Bayes-Filter ist ohne großen Aufwand realisierbar und erfordert lediglich den Entwurf eines entsprechenden Beobachtungsmodells.

6 Ergebnisse

In diesem Kapitel wird die Praxistauglichkeit der gewählten Ansätze und die Leistungsfähigkeit des entwickelten Lokalisierungssystems anhand von realen Daten untersucht. Hierfür werden zunächst die entwickelten Teilsysteme einzeln untersucht und anschließend das resultierende Lokalisierungsergebnis mit den Referenzwerten eines GPS/INS-Systems verglichen.

In Kapitel 6.1 werden die Ergebnisse der Kartenerstellung aus Luftbildern vorgestellt und die Klassifikation mit dem hierfür entwickelten Deskriptor mit der direkten Klassifikation anhand der Farbwerte verglichen.

Die Ergebnisse der Eigenbewegungsschätzung aus den Bildsequenzen mit der vorgeschlagenen Kombination aus CenSurE-Detektor zur Bestimmung der markanten Punkte, quadrierten Grauwertdifferenzen zur Korrespondenzsuche und MSAC zur Ausreißerunterdrückung werden in Kapitel 6.2 vorgestellt.

Das Resultat der Erkennung und 3D-Rekonstruktion der Landmarken anhand der Bilder der Fahrzeugkamera mit dem in Kapitel 4.3 vorgestellten Verfahren wird in Kapitel 6.3 untersucht.

Die Bestimmung der Kamerapose anhand dieser Landmarken und der aus den Luftbildern erstellten Karte wird in Kapitel 6.4 untersucht. Dazu wird überprüft, ob die Überlegungen zu dem robusten Verfahren, das in Kapitel 3.4 eingeführt wurde, auf reale Daten übertragbar sind.

Schließlich wird in Kapitel 6.5 das Ergebnis der zeitlichen Verfolgung des Fahrzeugzustands mit den in Kapitel 5 eingeführten System- und Beobachtungsmodellen untersucht und die Leistungsfähigkeit des Gesamtsystems bewertet.

Vorbemerkungen

Die experimentellen Untersuchungen erfolgen anhand von Videodaten, welche mit dem in Abbildung 6.1 gezeigten Stereokamerasystem auf dem Versuchsträger des Instituts für Mess- und Regelungstechnik aufgenommen wurden. Das Stereokamerasystem besteht aus zwei Digitalkameras mit einem Öffnungswinkel von jeweils etwa 100°, welche mit einer Basisbreite von 60 cm auf dem Dach des Versuchsträgers angebracht sind.

Abbildung 6.1: Stereokamerasystem auf dem Dach des Versuchsträgers.

Als Referenz für die Lokalisierungsergebnisse dienen die Daten eines OXTS RT3003 GPS/INS-Systems, das mit Korrektursignalen und freier Sicht auf den Himmel eine Genauigkeit der Positionsschätzung von bis zu 2 cm und eine Genauigkeit der Orientierungsschätzung von bis zu 0,1° erreicht.

Ein detaillierter Überblick über die Hardware- und Softwarearchitektur des Versuchsträgers ist in [*Werling et al.* 2008] zu finden.

Für die Erstellung der Landmarkenkarte werden Luftaufnahmen der Stadt Karlsruhe, VLW Geodaten, aus dem Jahr 2005 mit einer Auflösung von 10 cm pro Bildpunkt verwendet.

6.1 Erstellung einer Landmarkenkarte aus Luftbildern

Die Erstellung der Landmarkenkarten mit dem in Kapitel 4.4 vorgestellten Verfahren wurde anhand von Luftbildern einer innerstädtischen Szene durchgeführt. Die Gesamtgröße der betrachteten Szene beträgt 400 m × 400 m.

Abbildung 6.2 zeigt das Klassifikationsergebnis für einen Ausschnitt des verwendeten Luftbilds. Als Trainingsdaten für den Klassifikator wurden 50 manuell gewählte Beispiele für Fahrbahnmarkierungen und 50 Beispiele für Nichtmarkierungen vorgegeben.

Der Klassifikator liefert gute Ergebnisse bei der Detektion der Markierungen. Dabei lassen sich auch sehr dicht beieinander gelegene Markierungen, beispielsweise die Berandungen der Radwege, gut voneinander abgrenzen. Außer-

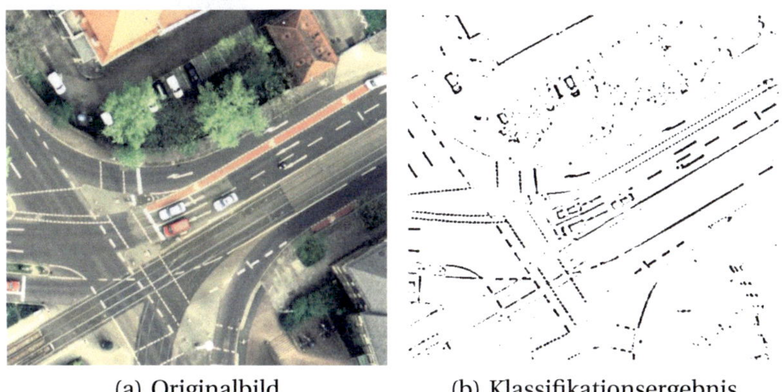

(a) Originalbild   (b) Klassifikationsergebnis

Abbildung 6.2: Klassifikationsergebnis der Markierungserkennung für 50 positive und 50 negative Trainingsbeispiele. Schwarz dargestellte Bereiche im Ergebnisbild (b) wurden als Markierung klassifiziert.

halb der befahrbaren Fläche ist noch eine große Anzahl an Falschdetektionen erkennbar, die sich mit der Erstellung eines größeren Trainingsdatensatzes aber weiter reduzieren ließen.

Zur quantitativen Bewertung des Klassifikationsergebnisses wurde die Klassifikation anhand eines separaten Testdatensatzes mit 150 positiven und 150 negativen Beispielen überprüft. Die Klassifikationsergebnisse sind in Tabelle 6.1 dargestellt.

Von den Punkten in der Testmenge, die zu Markierungen gehören, wurden 13% der Punkte nicht als Markierung erkannt. Da eine Markierung aber in der Regel aus deutlich mehr als einem Punkt besteht, ist dieser Anteil vertretbar. Eine Markierung mit 20 cm × 20 cm besteht beispielsweise schon aus 4 Punkten, von denen mit großer Wahrscheinlichkeit mindestens 3 Punkte korrekt klassifiziert werden. Der Anteil der fälschlich als Markierung erkannten Punkte ist dagegen mit 2% bereits ohne die Filterung anhand der Fahrstreifenberandungen sehr gering.

Abbildung 6.3 zeigt die resultierende *Receiver Operating Characteristic (ROC)* Kurve. Zum Vergleich ist auch die ROC-Kurve für die Klassifikation mit den Farbwerten in einer 9 × 9-Umgebung der Trainingspunkte anstelle des vorgestellten Deskriptors dargestellt. Der Einsatz des hier vorgestellten Deskriptors führt zu einer merklichen Verbesserung des Klassifikationsergebnisses.

Grundwahrheit	Klassifikationsergebnis	
	Markierung	Keine Markierung
Markierung	127	23
Keine Markierung	3	147

Tabelle 6.1: Klassifikationsergebnis für 100 Trainingsdatensätze und 300 Testdatensätze. Zeilen entsprechen den tatsächlichen Klassen der Testdatensätze, Spalten entsprechen dem Ausgang der Klassifikation.

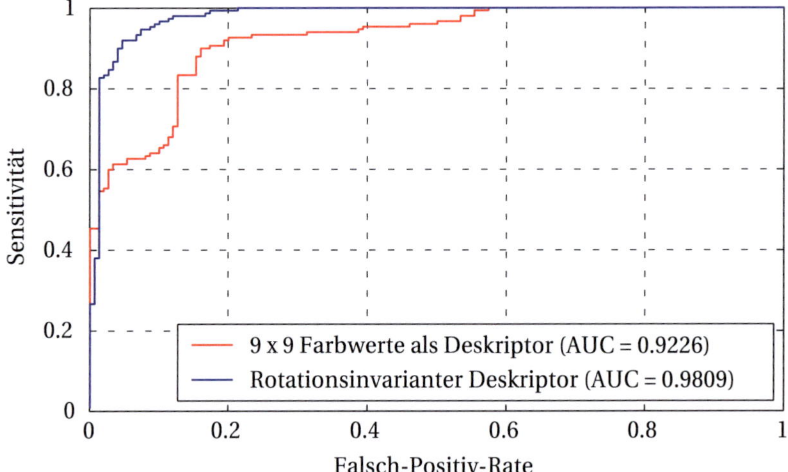

Abbildung 6.3: ROC-Kurve für 100 Trainingsdatensätze und 300 Testdatensätze für die Klassifikation mit dem vorgestellten rotationsinvarianten Deskriptor (blau). Zum Vergleich ist auch die ROC-Kurve für die Klassifikation mit den Farbwerten in einer 9×9-Umgebung dargestellt (rot).

Eine ausführliche Untersuchung des vorgestellten Klassifikationsverfahrens findet sich in [*Pink und Stiller* 2010].

Das Ergebnis der anschließenden Markierungserkennung aus dem Klassifikationsergebnis ist in Abbildung 6.4 dargestellt. Objekte mit untypischen Abmessungen wurden hier bereits aussortiert. Die resultierenden Abmessungen und Orientierungen der Landmarken stimmen sehr gut mit den ursprünglichen Markierungen überein. Dies gilt auch für die Orientierungen der sehr kurzen

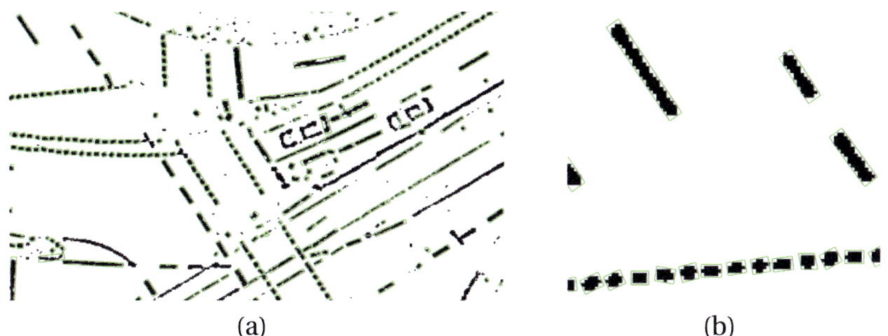

(a)   (b)

Abbildung 6.4: Ergebnis der Landmarkenerkennung. Schwarz: Bildpunkte, die als Markierung klassifiziert wurden. Grün: Geometrische Beschreibung der Landmarken als Rechteck. (a): Erkannte Landmarken auf einer Kreuzung. (b): Vergrößerter Ausschnitt (oben links).

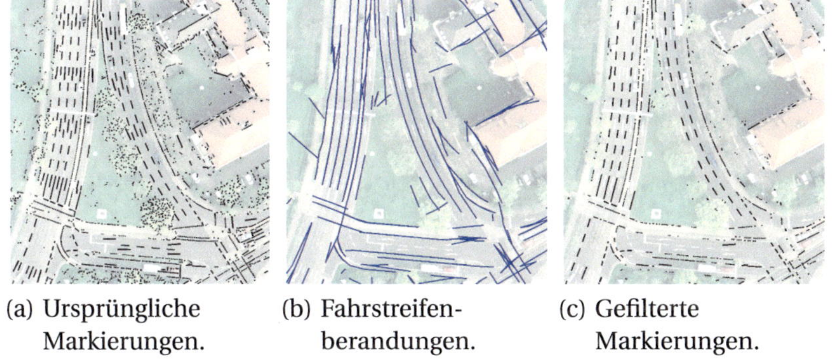

(a) Ursprüngliche   (b) Fahrstreifen-   (c) Gefilterte
    Markierungen.   berandungen.   Markierungen.

Abbildung 6.5: Ergebnis der Erkennung von Fahrstreifenberandungen. (a) Ursprüngliches Ergebnis der Markierungserkennung. (b) Aus den Markierungen bestimmte Berandungshypothesen (blau). (c) Verbleibende Markierungen nach Entfernung aller Markierungen, die nicht Teil einer Berandungshypothese sind.

Markierungen in Abbildung 6.4(b), die mit dem vorgestellten Verfahren gut bestimmt werden können.

Im letzten Verarbeitungsschritt werden aus den detektierten Markierungen anhand vorgegebener Regeln Hypothesen für Fahrstreifenberandungen bestimmt, mit deren Hilfe ungültige Markierungen herausgefiltert werden. Abbildung 6.5(b) zeigt die resultierenden Berandungshypothesen für den Ausschnitt der Landmarkenkarte in Abbildung 6.5(a). Die resultierende Landmarkenkarte nach dem Entfernen aller Markierungen, die nicht Teil einer solchen Berandung sind, ist in Abbildung 6.5(c) dargestellt. Das Ergebnis zeigt, dass sich mit Hilfe dieses Verfahrens die verbleibenden Falschdetektionen außerhalb des befahrbaren Bereichs nahezu vollständig entfernen lassen.

6.2　Eigenbewegungsschätzung

Abbildung 6.6 zeigt das Ergebnis der Eigenbewegungsschätzung anhand einer Beispielsequenz in Form der geschätzten Absolutgeschwindigkeit und der geschätzten Gierrate zu den Aufnahmezeitpunkten der Bilder t_k. Als Referenz sind die Absolutgeschwindigkeiten und die Gierrate des GPS/INS-Systems dargestellt. Die Bilder der Fahrzeugkamera zu den markierten Aufnahmezeitpunkten (a) bis (d) sind zusammen mit den markanten Bildpunkten und dem Ergebnis der Ausreißerunterdrückung in Abbildung 6.7 dargestellt.

Im Unterschied zur Landmarkenerkennung, bei welcher nur Punkte im Bereich der Fahrbahn von Interesse sind, wird für die Schätzung der Eigenbewegung das Gesamtbild verwendet. Dies verringert zum einen die Wahrscheinlichkeit, dass große Teile des Bildes durch andere Fahrzeuge verdeckt sind, zum anderen erlauben insbesondere weit entfernte Punkte eine gute Aussage über die Fahrzeugrotation.

Die in Abbildung 6.6 dargestellten Schätzwerte der Geschwindigkeit und der Gierrate stimmen insgesamt sehr gut mit den Referenzwerten überein, lediglich zu Beginn der Sequenz wird die Fahrzeuggeschwindigkeit an einzelnen Zeitpunkten merklich unterschätzt. In diesem Bereich der Sequenz (bis ca. $k = 100$) befindet sich eine große Zahl anderer Fahrzeuge im Bild, die in einigen Fällen das Ergebnis der Eigenbewegungsschätzung verfälschen.

Abbildung 6.7(b) zeigt dies an einem Beispiel, bei welchem auch bewegte Punkte der Fahrzeuge auf den beiden rechten Fahrstreifen in die Eigenbewegungsschätzung einbezogen wurden, so dass die Geschwindigkeit in diesem Fall unterschätzt wird. In der Mehrzahl der Fälle wird aber auch in diesem Teil der Sequenz die Eigenbewegung korrekt geschätzt. Die Abbildungen 6.7(a) und 6.7(c) veranschaulichen dies an zwei Beispielen der Ausreißerunterdrückung, bei welchen eine große Zahl an markanten Punkten auf bewegten Objekten liegt.

Im weiteren Verlauf der Sequenz sind nur noch einzelne Fahrzeuge im Bild vorhanden, welche durch das MSAC-Verfahren zuverlässig als Ausreißer erkannt werden. Abbildung 6.7(d) zeigt ein weiteres Beispiel aus diesem Bereich der Sequenz.

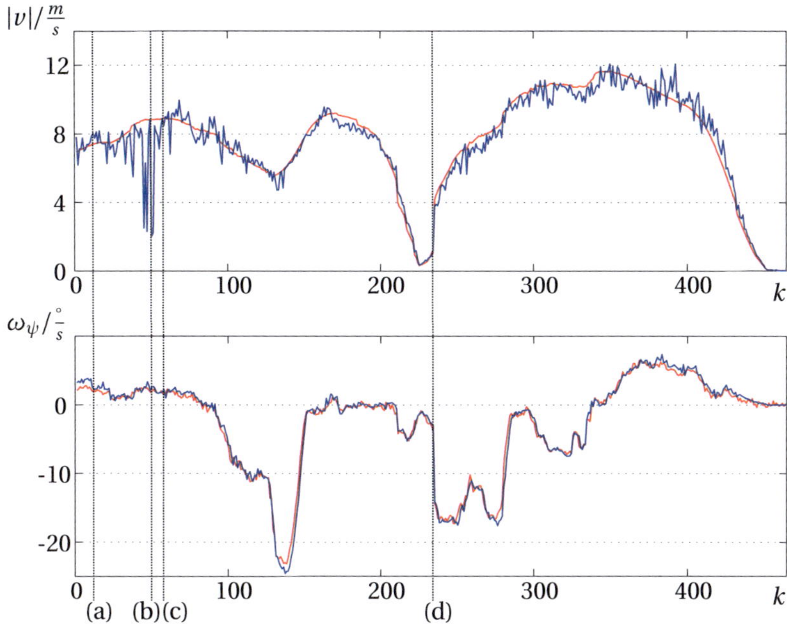

Abbildung 6.6: Ergebnis der bildbasierten Eigenbewegungsschätzung (blau) und Referenzwerte (rot). Oben: Geschwindigkeitsbetrag. Unten: Gierrate.

Mittlere Geschwindigkeitsabweichung	$\mu_v / \frac{m}{s}$	-0,133
Standardabweichung der Geschwindigkeitsabweichung	$\sigma_v / \frac{m}{s}$	0,806
Mittlere Abweichung der Gierrate	$\mu_\omega / \frac{\circ}{s}$	0,089
Standardabweichung der Gierratenabweichung	$\sigma_\omega / \frac{\circ}{s}$	0,781

Tabelle 6.2: Mittlere Abweichungen und Standardabweichungen der Eigenbewegungsschätzung zu den Referenzwerten des GPS/INS-Systems.

In Tabelle 6.2 sind die Abweichungen der bildbasierten Eigenbewegungsschätzung zu den Referenzwerten des GPS/INS-Systems dargestellt. Diese bestätigen, dass die Geschwindigkeit aufgrund der Bewegung anderer Fahrzeuge im Mittel geringfügig unterschätzt wird.

Abbildung 6.8 zeigt die resultierende Schätzung der Fahrzeugposition, welche sich durch numerische Integration der beobachteten Eigenbewegung ergibt. Als

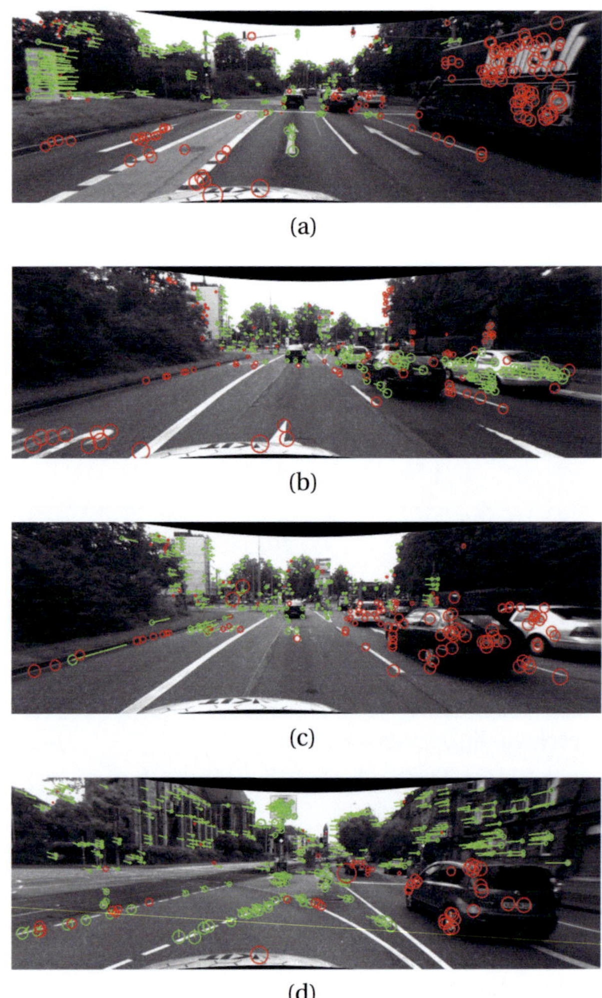

(a)

(b)

(c)

(d)

Abbildung 6.7: Ergebnisse der Ausreißerunterdrückung für die bildbasierte Eigenbewegungsschätzung. Grün: Punkte, die für die Schätzung der Eigenbewegung verwendet werden, sowie die Verschiebungen seit dem vorherigen Bild. Rot: Ausreißer.

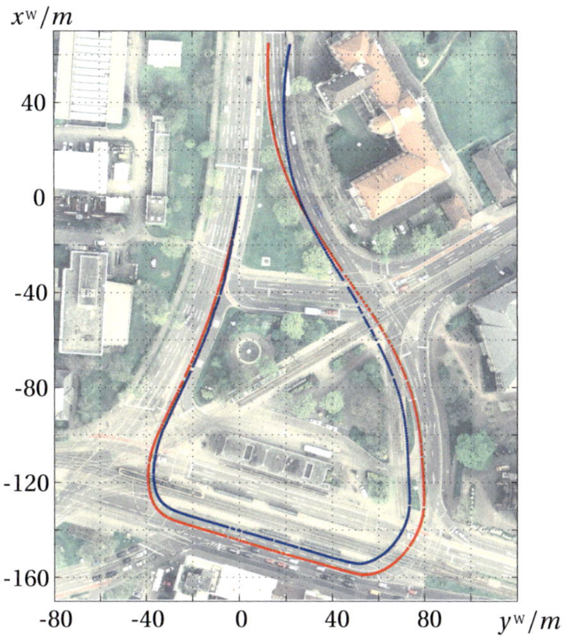

Abbildung 6.8: Ergebnis der bildbasierten Eigenbewegungsschätzung (blau) und Referenzwerte (rot).

Referenz ist die Positionsschätzung des GPS/INS-Systems dargestellt. Auf einer Gesamtstrecke von 500 m ergibt sich eine resultierende Positionsabweichung von ca. 10 m.

Insgesamt lässt sich feststellen, dass die vorgeschlagene Kombination aus CenSurE-Detektor, Korrespondenzsuche über die quadrierten Grauwertdifferenzen und Ausreißerunterdrückung mit dem MSAC-Verfahren mit dem vorgestellten Verfahren zur Eigenbewegungsschätzung sehr gute Ergebnisse mit nur wenigen abweichenden Schätzwerten liefert. Für den Einsatz als zusätzliche Beobachtung der bildbasierten Lokalisierung ist das Verfahren gut geeignet und kann auch längere Zeiträume überbrücken, in denen die landmarkenbasierte Lokalisierung aufgrund einer zu geringen Zahl an sichtbaren Fahrbahnmarkierungen keine Beobachtung der Kamerapose liefert.

6.3 Landmarkenextraktion aus Bildern der Fahrzeugkamera

In diesem Kapitel wird das Verfahren zur Landmarkenerkennung, das in Kapitel 4.3 eingeführt wurde, anhand realer Bildbeispiele untersucht.

Das Hauptaugenmerk beim Entwurf der Landmarkenerkennung lag auf einem möglichst einfachen und schnellen Verfahren, das dennoch Landmarken mit einer ausreichenden Qualität für die landmarkenbasierte Lokalisierung liefert. Eine begrenzte Anzahl an Ausreißern ist dabei aufgrund des verwendeten robusten Lokalisierungsverfahrens tolerierbar.

Abbildung 6.9 zeigt exemplarisch an zwei Aufnahmen der Fahrzeugkamera die Ergebnisse der Markierungserkennung und der 3D-Rekonstruktion. Für diese beiden Beispiele sind die Bilder der rechten Fahrzeugkamera in den Abbildungen 6.9(a) und 6.9(b) dargestellt. Im Unterschied zur Eigenbewegungsschätzung wird für die Landmarkenerkennung nur der Ausschnitt des Kamerabilds ausgewertet, in dem die Fahrbahn abgebildet ist, da nur dort Markierungen erwartet werden. Gezeigt ist daher jeweils nur der Ausschnitt des Kamerabilds, der tatsächlich zur Markierungserkennung verwendet wurde.

Das erste Beispiel zeigt eine Situation mit freier Sicht, bei der eine große Zahl an Markierungen vorhanden ist und nur wenige andere Objekte im Bildausschnitt sichtbar sind. Im zweiten Beispielbild sind weniger Markierungen sichtbar, da Teile der Fahrbahn von Fahrzeugen und anderen Objekten verdeckt sind. Diese sind gleichzeitig Quelle für mögliche Falschdetektionen.

Aus den Bildern wurden Landmarken extrahiert, welche beschrieben sind durch ihre Position, Länge, Breite und Orientierung im Kamerakoordinatensystem. Die Projektion dieser Landmarken in die Kamerabilder ist durch rote Rechtecke dargestellt. In beiden Beispielbildern stimmen die Landmarken gut mit den ursprünglichen Markierungen im Kamerabild überein.

Von insgesamt etwa 50 sichtbaren und eindeutig unterscheidbaren Markierungen wurden im ersten Beispielbild (Abbildung 6.9(a)) mehr als 30 Markierungen erkannt. Im zweiten Beispiel (Abbildung 6.9(b)) sind aufgrund von Verdeckungen nur etwa 40 Markierungen sichtbar, von denen ungefähr 25 korrekt erkannt wurden. Der Anteil der Ausreißer liegt im ersten Beispiel bei etwa 30% und im zweiten aufgrund der geringeren Zahl an sichtbaren Markierungen bei knapp 40%. Damit liegt der Anteil in beiden Fällen im Bereich der Annahmen, die beim Entwurf des Lokalisierungssystems getroffen wurden.

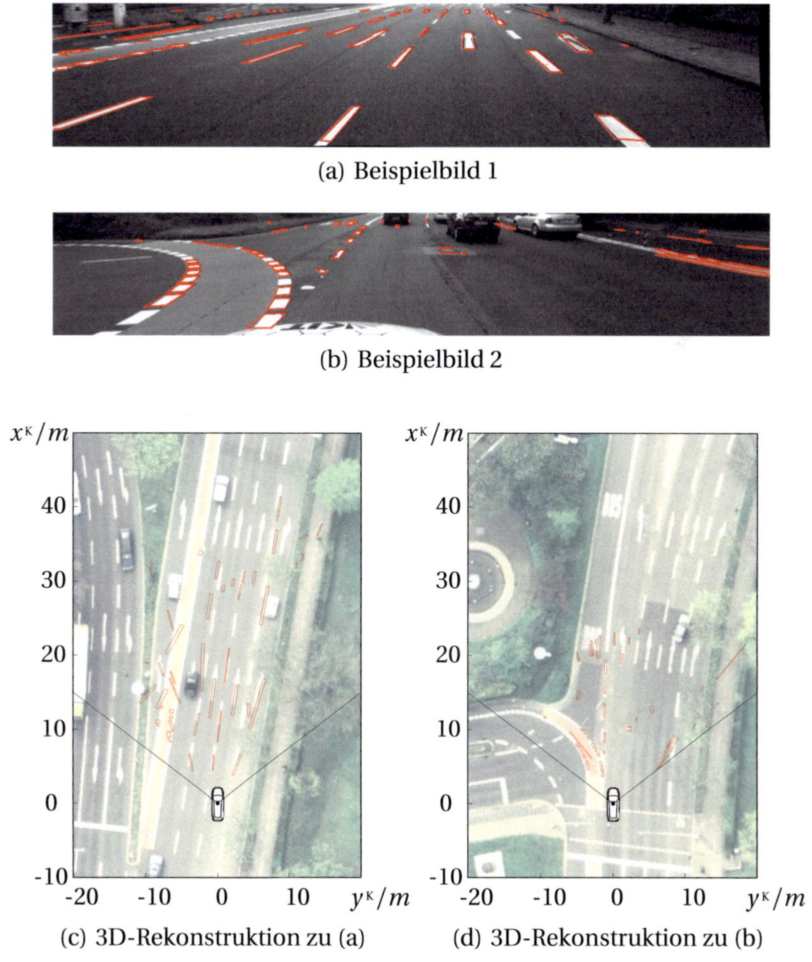

(a) Beispielbild 1

(b) Beispielbild 2

(c) 3D-Rekonstruktion zu (a)

(d) 3D-Rekonstruktion zu (b)

Abbildung 6.9: Beispiele für die Landmarkenextraktion (a), (b) und die Rekonstruktion der Landmarken in der x^{κ}-y^{κ}-Ebene (rot) mit hinterlegtem Luftbild zum Vergleich.

Die Projektionen der rekonstruierten Positionen und Abmessungen der Landmarken auf die x^{κ}-y^{κ}-Ebene des Kamerakoordinatensystems sind in Abbildung 6.9(c) für das Beispiel aus Abbildung 6.9(a) und in Abbildung 6.9(d) für das Beispiel aus Abbildung 6.9(b) gezeigt. Die hinterlegten Luftbilder dienen dabei nur der Veranschaulichung, ihre Position und Orientierung wurde manuell festgelegt.

Bei freier Sicht, wie im Beispiel aus den Abbildungen 6.9(a) bzw. 6.9(c), wurden Markierungen in einem Abstand von bis zu 40 m erkannt und rekonstruiert. Erkennbar ist dabei auch, dass insbesondere bei weit entfernten oder sehr kurzen Markierungen der Mittelpunkt zwar korrekt bestimmt wurde, aber große Abweichungen bei der Bestimmung der Länge oder der Orientierung auftreten. Dies ist auf Ungenauigkeiten bei der lokalen Ebenenschätzung für die 3D-Rekonstruktion zurückzuführen, beispielsweise wenn markante Punkte, welche nicht Teil der Fahrbahnebene sind, mit in die Schätzung eingegangen sind. Im Unterschied zu Fehlern bei einer globalen Ebenenschätzung, welche Auswirkungen auf alle Markierungen hat, wirkt sich dies jedoch nur auf die Rekonstruktion einzelner Markierungen aus.

Insgesamt entsprechen sowohl die Genauigkeit der Schätzung als auch die Menge der enthaltenen Falschdetektionen den Annahmen, die beim Entwurf des Lokalisierungsverfahrens getroffen wurden. Damit erfüllt dieses Verfahren die Anforderungen für den Einsatz in der landmarkenbasierten Lokalisierung. Aufgrund der – insbesondere gemessen an der geringen Komplexität des Verfahrens – guten Ergebnisse bei der Markierungserkennung ist das vorgestellte Verfahren aber auch für den Einsatz in anderen Anwendungen vielversprechend, beispielsweise zur Fahrstreifenerkennung. Mit Hilfe von weiteren Verarbeitungsschritten ähnlich der Markierungserkennung aus Luftbildern ließe sich die Anzahl der Ausreißer dazu weiter verringern. Ebenso können auch zusätzliche oder geänderte Modellannahmen das Ergebnis weiter verbessern. Beispielsweise würde eine globale Ebenenannahme die Zuverlässigkeit bei der Bestimmung von Abmessungen und Orientierung der Markierungen erhöhen, kann jedoch Einbußen bei der Genauigkeit der Positionsschätzung der Markierungen zur Folge haben.

6.4 Landmarkenbasierte Lokalisierung

In diesem Kapitel soll die Leistungsfähigkeit des in Kapitel 3.4 entworfenen Systems zur landmarkenbasierten Lokalisierung anhand realer Daten überprüft werden. Dabei wird, analog zur Vorgehensweise beim Entwurf des Systems,

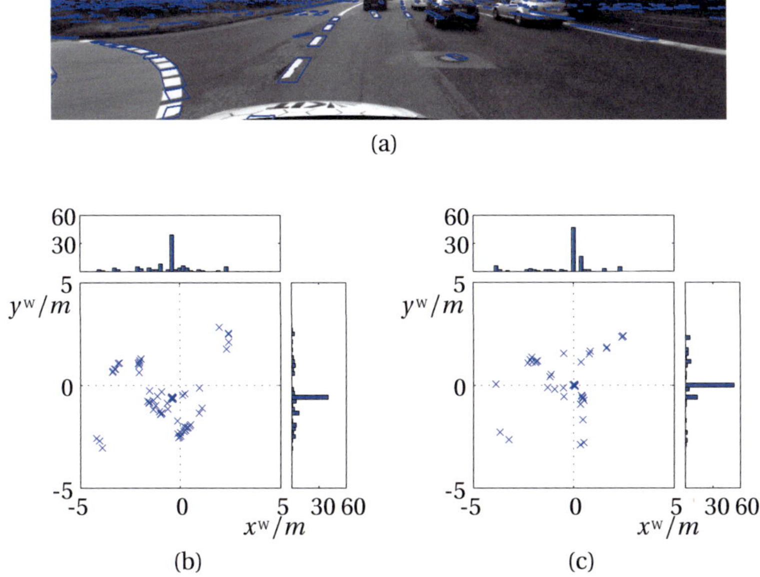

Abbildung 6.10: Beispielbild mit überlagerter Karte (blau) für die optimale Schätzung der Pose (a). Resultierende Positionsschätzungen für 100 zufällig gewählte Ausgangsposen mit einer maximalen Orientierungsabweichung von $\pm10°$ und einer maximalen Positionsabweichung von 4 m, nach 10 Iterationen mit robustem ICP (b) bzw. nach 10 Iterationen mit anschließender MSAC-Optimierung (c).

die Genauigkeit der Lokalisierung für zufällig gewählte Ausgangsposen anhand mehrerer Beispiele untersucht.

Aus den Bildern der Fahrzeugkamera werden hierfür zunächst Landmarken extrahiert, und mit der Pose des GPS/INS-Systems als Ausgangswert die optimale Pose mit dem in Kapitel 3.4 beschriebenen Verfahren bestimmt. Abbildung 6.10(a) zeigt das Bild der rechten Fahrzeugkamera für das erste betrachtete Beispiel. Blau überlagert sind die Landmarken aus der Karte dargestellt, wie sie sich im Kamerabild für diese optimale Pose ergeben würden.

Ausgehend von dieser Pose wurden nun Anfangsposen mit einer maximalen Orientierungsabweichung von $\pm10°$ und einer maximalen Positionsabweichung von 4 m zufällig gewählt und von diesen wiederum die iterative Bestimmung der Kamerapose durchgeführt.

	$d < 1\,\mathrm{m}$	$\sigma_{d,\mathrm{in}}/\mathrm{m}$	$\sigma_{\psi,\mathrm{in}}/^\circ$
Beispiel 6.10	65,9 %	0,360	4,059
Beispiel 6.11	49,3 %	0,460	3,221
Beispiel 6.12	54,2 %	0,583	2,802

Tabelle 6.3: Anteil an korrekten Positionsschätzungen ($d < 1\,\mathrm{m}$), Positionsabweichung $\sigma_{d,\mathrm{in}}$ und Orientierungsabweichung $\sigma_{\psi,\mathrm{in}}$ der Schätzungen für 1000 zufällig gewählte Ausgangsposen mit einer maximalen Orientierungsabweichung von $\pm 10^\circ$ und einer maximalen Positionsabweichung von 4 m für die Beispiele aus den Abbildungen 6.11, 6.10 und 6.12.

Für die ersten 100 dieser zufälligen Ausgangsposen sind die resultierenden Positionsschätzungen ebenfalls in Abbildung 6.10 dargestellt. Das Zwischenergebnis nach 10 Iterationen mit robuster Korrespondenzsuche und robuster Bestimmung der Pose mit einem M-Schätzer ist in Abbildung 6.10(b) dargestellt, das Endergebnis nach der anschließenden Optimierung mit dem MSAC-Verfahren ist in Abbildung 6.10(c) gezeigt.

Die Resultate bestätigen die Untersuchungen, die in Kapitel 3.4 anhand synthetischer Daten durchgeführt wurden. Das Zwischenergebnis nach der iterativen Bestimmung der Pose liegt bereits sehr nahe an der optimalen Position, allerdings mit einer sehr großen Streuung der Schätzungen. Durch die anschließende MSAC-Optimierung kann die Streuung der Schätzungen deutlich reduziert werden. Von insgesamt 1000 zufälligen Ausgangsposen wurde bei knapp 66% eine Positionsschätzung erzielt, die näher als 1 m an der in Abbildung 6.10(a) dargestellten optimalen Position liegt.

Weitere Beispiele für die Schätzung der Kamerapose sind in den Abbildungen 6.11 und 6.12 dargestellt. Durch die kurzen und sehr dicht aufeinanderfolgenden Markierungen des Fahrradwegs in Abbildung 6.11(a) und der Fußgängerfurt in 6.12(a) weisen beide Beispiele eine große Zahl an Nebenoptima auf: Eine um eine Markierungslänge versetzte Positionsschätzung ist ein ähnlich gutes Ergebnis wie die tatsächliche Position. Dennoch liegen in beiden Fällen etwa 50% der Schätzungen näher als 1 m an der optimalen Position.

In Tabelle 6.4 sind die Ergebnisse für die drei gezeigten Beispiele nochmals quantitativ dargestellt. Die Standardabweichungen der Positions- und der Orientierungsschätzung sind insgesamt größer als bei dem in Kapitel 3.4 untersuchten Beispiel. Dies lässt sich unter anderem durch eine größere Positionsunsicherheit bei der Landmarkenextraktion als die in Kapitel 3.4 angenommenen 10 cm erklären.

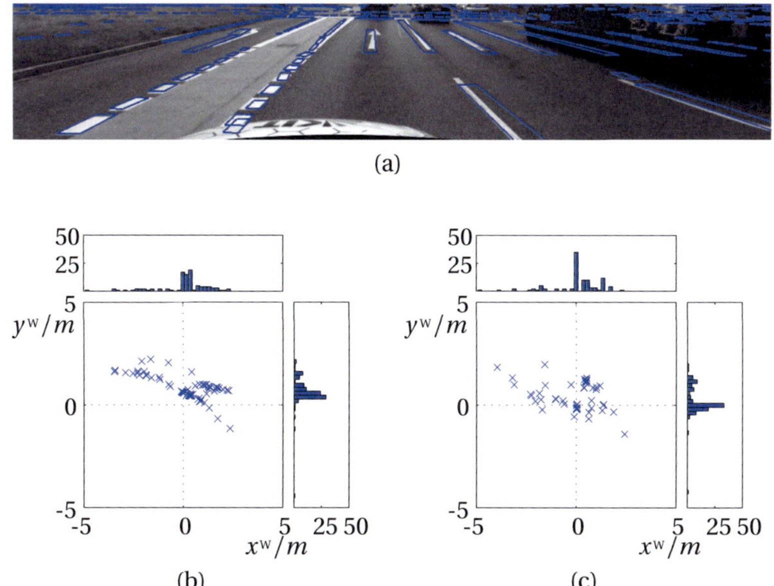

Abbildung 6.11: Beispielbild mit überlagerter Karte (blau) für die optimale Schätzung der Pose (a). Resultierende Positionsschätzungen für 100 zufällig gewählte Ausgangsposen mit einer maximalen Orientierungsabweichung von $\pm 10°$ und einer maximalen Positionsabweichung von 4 m, nach 10 Iterationen mit robustem ICP (b) bzw. nach 10 Iterationen mit anschließender MSAC-Optimierung (c).

6.5 Rekursive Schätzung des Fahrzeugzustands

Die Ergebnisse aus dem vorangegangenen Kapitel haben gezeigt, dass die Verteilung der Positionsschätzungen für zufällige Anfangsposen ein ausgeprägtes Maximum besitzt. Damit lässt sich eine sehr genaue und zuverlässige Lokalisierung realisieren, indem für jeden Zeitschritt eine große Zahl an Hypothesen ausgewertet wird und die resultierenden Schätzungen der Pose mit dem in Kapitel 5 vorgestellten Modell zeitlich verfolgt werden.

Die zeitliche Verfolgung der Hypothesen lässt sich dabei mit einem *Multihypothesen-Kalman-Filter* oder der *Sequentiellen Monte Carlo Methode* (vgl. Anhang A.1) realisieren.

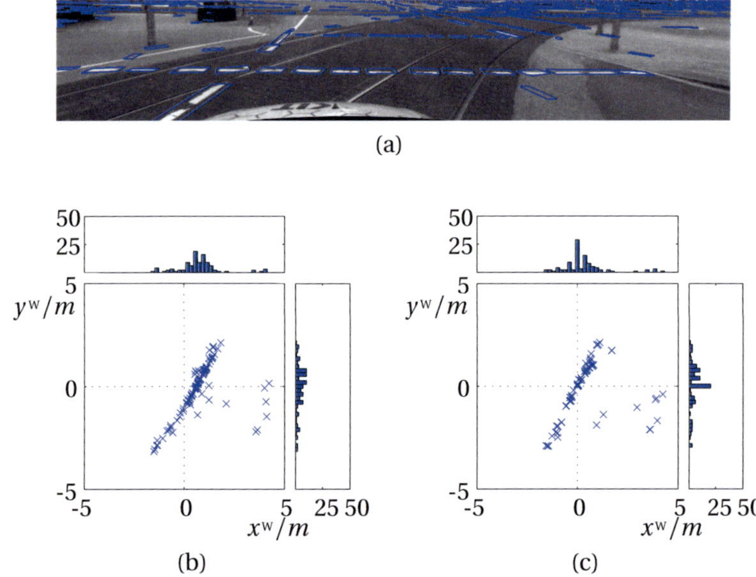

Abbildung 6.12: Beispielbild mit überlagerter Karte (blau) für die optimale Schätzung der Pose (a). Resultierende Positionsschätzungen für 100 zufällig gewählte Ausgangsposen mit einer maximalen Orientierungsabweichung von $\pm 10°$ und einer maximalen Positionsabweichung von $4\,\mathrm{m}$, nach 10 Iterationen mit robustem ICP (b) bzw. nach 10 Iterationen mit anschließender MSAC-Optimierung (c).

Diese Art der Realisierung ließe sich sogar für eine global optimale Lokalisierung einsetzen, ähnlich des von [*Thrun et al.* 2000] vorgestellten Verfahrens, das ebenfalls die sequentielle Monte-Carlo-Methode einsetzt. Dieses Verfahren erfordert jedoch bereits für die Lokalisierung in Innenräumen die Auswertung von mehreren Millionen Hypothesen, was dieses Verfahren für den Einsatz in weit ausgedehnten Straßenszenen wenig praktikabel macht.

Ist dagegen eine ungefähre Schätzung der Anfangspose vorhanden, lässt sich die Anzahl der Hypothesen deutlich reduzieren. Die Ergebnisse aus dem vorangegangenen Kapitel haben gezeigt, dass in diesem Fall schon die Auswertung von maximal 100 zufällig in der Umgebung gewählten Hypothesen eine sichere Schätzung der Pose ermöglicht.

In der Praxis wird es notwendig sein, einen guten Kompromiss aus der Zuverlässigkeit der Lokalisierung und dem erforderlichen Rechenaufwand bei der zeitlichen Verfolgung aller Hypothesen zu finden. In diesem Kapitel soll daher gezeigt werden, dass bereits mit der Verfolgung einer einzigen Hypothese in einem *Sigmapunkt-Kalman-Filter* durch die Kombination aus landmarkenbasierter Lokalisierung und Eigenbewegungsschätzung eine stabile und genaue Zustandsschätzung über einen längeren Zeitraum erzielt werden kann. Durch die Erweiterung auf ein Multi-Hypothesen-Verfahren ließe sich die Zuverlässigkeit der Schätzung weiter erhöhen, allerdings auf Kosten der Geschwindigkeit des Verfahrens.

Um die Stabilität der Zustandsschätzung auch für die Verfolgung einer einzelnen Hypothese sicherzustellen, werden zusätzlich nur Schätzungen der Kamerapose als Beobachtung verwendet, bei denen eine Mindestanzahl von 9 Markierungen zur Schätzung der Pose verwendet wurde, und deren Anteil an Ausreißern bei der abschließenden MSAC-Registrierung bei maximal 40% liegt.

Für eine qualitative Bewertung der Lokalisierungsgenauigkeit bezüglich der Karte ist in Abbildung 6.13 der Verlauf der Positionsschätzung in der x^w-y^w-Ebene für eine Beispielsequenz bei Verwendung eines Sigmapunkt-Kalman-Filters zur Verfolgung des Fahrzeugzustands dargestellt. Die optimale Positionsschätzung liegt, außer bei Fahrstreifenwechseln, ungefähr in der Mitte des Fahrstreifens. Zum Vergleich ist außerdem der Verlauf der Positionsschätzung des GPS/INS-Systems dargestellt. Vergrößerte Ausschnitte aus dem Verlauf sind in Abbildung 6.14 dargestellt.

Insgesamt liefert das vorgeschlagene Verfahren gute Resultate und eine stabile Positionsschätzung über den Gesamtverlauf der Strecke von etwa 500 m. Zeitweise treten laterale Positionsabweichungen von bis zu 1,5 m auf, wenn über einen längeren Zeitraum keine gültige Beobachtung der Kamerapose vorliegt und der Fahrzeugzustand nur über die Eigenbewegung geschätzt wird. Sobald wieder eine neue Beobachtung der Pose vorliegt, wird die Schätzung korrigiert. In Abbildung 6.14(a) ist eine solche Situation dargestellt, bei der das Eintreffen einer gültigen Beobachtung nach einem längeren Zeitraum als sprunghafte Änderung der geschätzten Position zu erkennen ist.

In Abbildung 6.14(b) und 6.14(c) sind beispielhaft zwei weitere Ausschnitte vergrößert dargestellt. Die gefilterte Position folgt den Beobachtungen der landmarkenbasierten Lokalisierung sehr genau und liegt sehr gut in der Mitte des Fahrstreifens. Dies stimmt auch mit den Bildern der Fahrzeugkamera überein, so dass sich die großen Abweichungen zur Referenzposition in Abbildung 6.14(b) nur durch Ungenauigkeiten der Referenzposition des GPS/INS-Systems oder durch Ungenauigkeiten der Karte erklären lassen. Ähnliches gilt auch für den lateralen Versatz in Abbildung 6.14(c) zwischen Referenzposition und geschätzter Position. Auch hier liegt die Referenzposition sehr nahe

		Ungefiltert	Gefiltert
Mittlere Positionsabweichung	$\mu_x^{\mathrm{F}}/\mathrm{m}$	0.1256	-0.8948
(Fahrzeugkoordinaten)	$\mu_y^{\mathrm{F}}/\mathrm{m}$	-0.0246	0.0973
Mittlere Positionsabweichung	$\mu_x^{\mathrm{W}}/\mathrm{m}$	-0.9662	-0.7751
(Weltkoordinaten)	$\mu_y^{\mathrm{W}}/\mathrm{m}$	-0.5599	-1.0442
Mittlere Orientierungsabweichung	$\mu_\psi/°$	-1.7215	-2.3395
Standardabweichung der Position	$\sigma_x^{\mathrm{F}}/\mathrm{m}$	1.8319	2.2602
(Fahrzeugkoordinaten)	$\sigma_y^{\mathrm{F}}/\mathrm{m}$	0.6828	0.8154
Standardabweichung der Orientierung	$\sigma_\psi/°$	1.1585	1.1588

Tabelle 6.4: Mittlere Abweichungen und Standardabweichungen der Positions- und Orientierungsschätzung zu den Referenzwerten des GPS/INS-Systems.

am Fahrbahnrand, was auch in diesem Fall entweder auf eine ungenaue GPS-Positionsschätzung oder auf Ungenauigkeiten der Karte hinweist.

Die mittleren Abweichungen und die Standardabweichungen der Positions-schätzung im Vergleich zu den Referenzwerten des GPS/INS-Systems sind in Tabelle 6.4 zusammengefasst. Dabei ist zu berücksichtigen, dass diese sowohl Ungenauigkeiten des Lokalisierungssystems, aber auch Ungenauigkeiten der Karte, beispielsweise durch Verzerrungen der Luftbilder, sowie die Ungenauig-keiten des GPS/INS-Systems enthalten. Die Zahlenwerte stellen daher nur eine konservative Abschätzung der Lokalisierungsgenauigkeit dar.

Dabei wird jeweils unterschieden zwischen den ungefilterten Beobachtungen der bildbasierten Lokalisierung, welche nur zu unregelmäßigen Zeitpunkten eintreffen, sowie die gefilterte Positionsschätzung als Ergebnis der Fusion die-ser Beobachtungen mit der Eigenbewegungsschätzung.

Bei der bildbasierten Lokalisierung decken sich die Standardabweichung der la-teralen Position und der Orientierung sehr gut mit den Ergebnissen der Lokali-sierung für einen Zeitschritt in Kapitel 6.4. Die größere Standardabweichung in Längsrichtung lässt sich dadurch erklären, dass ein Längsversatz, sobald er ein-mal entstanden ist, aufgrund der Regelmäßigkeit der Szene häufig nicht sofort korrigiert werden kann.

Auffällig ist, dass die mittlere Positionsabweichung im Fahrzeugkoordinaten-system deutlich geringer ausfällt als im Weltkoordinatensystem. Da entspre-chend der Ergebnisse in Kapitel 6.4 die Schätzungen der Position mittelwertfrei sein sollten, weist dies auf einen Versatz oder eine Verzerrung der Luftbilder hin.

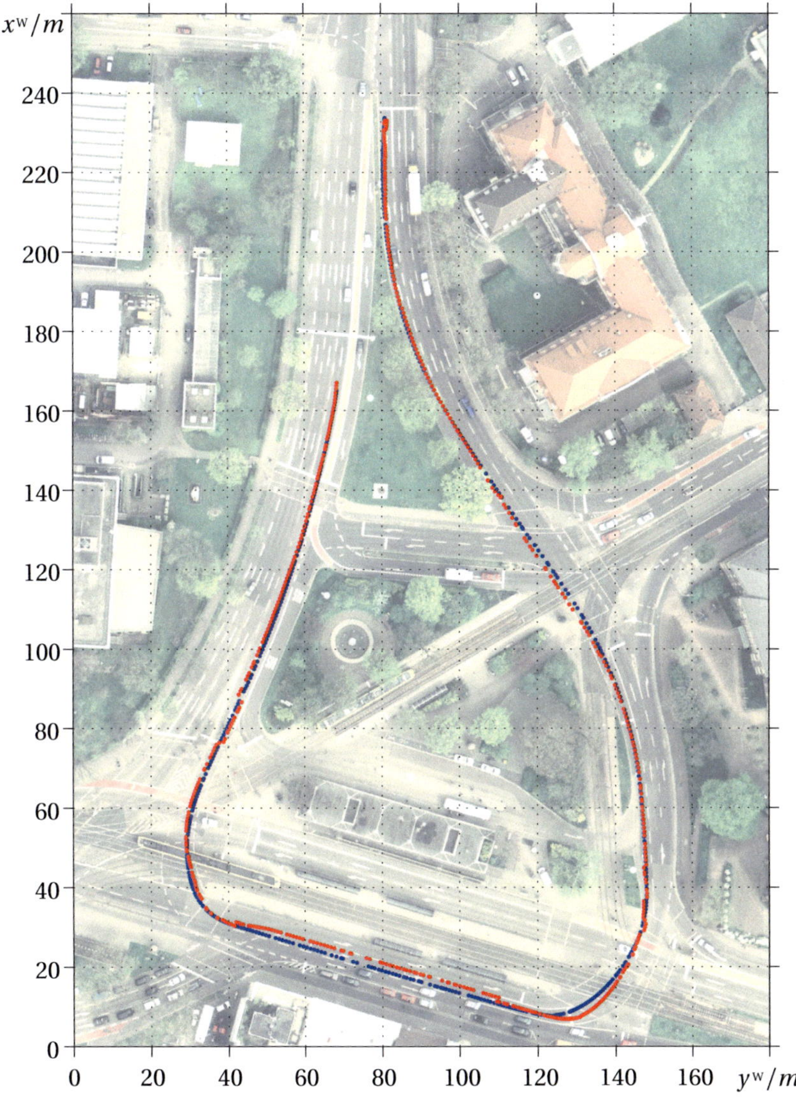

Abbildung 6.13: Verlauf der Positionsschätzung. Blau: Referenzwerte des GPS/INS-Systems. Rot: Geschätzte Positionen der videobasierten Lokalisierung.

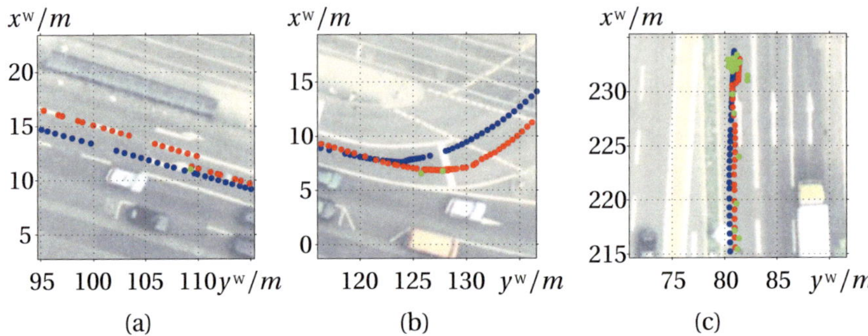

Abbildung 6.14: Vergrößerte Ausschnitte aus dem Verlauf der Positionsschätzung. Blau: Referenzwerte des GPS/INS-Systems. Rot: Geschätzte Positionen der videobasierten Lokalisierung. Grün: Ungefilterte Ergebnisse der iterativen Bestimmung der Pose.

Die Genauigkeit der gefilterten Positions- und Orientierungsschätzungen fällt insgesamt etwas geringer aus, was vor allem darauf zurückzuführen ist, dass hier oft für einen längeren Zeitraum nur die Schätzungen der Eigenbewegung verwendet werden, um eine kontinuierliche Positionsschätzung zu erzielen. Dies erklärt auch, dass die Position in Fahrzeuglängsrichtung allgemein eher unterschätzt wird, was auch bei der Untersuchung der Eigenbewegungsschätzung bereits aufgefallen ist. Dagegen ist die Abweichung der Positionsschätzung in Fahrzeugquerrichtung nahezu mittelwertfrei mit einer Standardabweichung von unter einem Meter. Gerade diese wird von herkömmlichen GPS-Empfängern aufgrund von Abschattungen häufig nur mit unzureichender Genauigkeit bestimmt. Dies ist ein vielversprechendes Ergebnis für eine fahrstreifengenaue Lokalisierung, da diese auf eine hohe laterale Positionsgenauigkeit angewiesen ist.

Ergebnisse dieses Kapitels

In diesem Kapitel wurde die praktische Umsetzung des vorgestellten Systems zur videobasierten Lokalisierung vorgestellt sowie die Leistungsfähigkeit der vorgeschlagenen Teilsysteme und des Gesamtsystems anhand von Daten aus dem Versuchsträger untersucht und bewertet.

Bei der Erstellung einer Landmarkenkarte aus Luftbildern mit dem vorgeschlagenen halbautomatischen Klassifikationsverfahren bringt der Einsatz des in

Kapitel 4.4.1 vorgestellten rotationsinvarianten Deskriptor deutliche Genauigkeitsverbesserungen gegenüber einer nicht rotationsinvarianten Beschreibung mit sich. Mit dem vorgestellten Verfahren zur regelbasierten Erkennung von Fahrstreifenberandungen lassen sich fälschlich detektierte Landmarken erfolgreich unterdrücken.

Die vorgestellten Methoden zur Eigenbewegungsschätzung und Landmarkenextraktion aus den Bildern der Fahrzeugkamera erzielen ebenfalls gute Resultate. Vorhandene Markierungen werden zuverlässig erkannt, und der Anteil an Falschdetektionen sowie die Genauigkeit der Landmarkenerkennung erfüllen die Voraussetzungen, die beim Entwurf der landmarkenbasierten Lokalisierung gestellt wurden.

Die Überlegungen beim Entwurf eines Verfahrens zur landmarkenbasierten Lokalisierung, das für regelmäßig angeordnete Landmarken mit großer gegenseitiger Ähnlichkeit geeignet ist, wurden auch für reale Szenen bestätigt. Damit konnte demonstriert werden, dass mit der vorgeschlagenen Kombination aus robuster Korrespondenzsuche und robuster Schätzung der Pose die Lokalisierung anhand von Fahrbahnmarkierungen möglich ist.

Die Umsetzung des Modells für die Fahrzeugbewegung in einem Sigmapunkt-Kalman-Filter wurde in Kapitel 6.5 vorgestellt. Mit diesem System lässt sich eine stabile Zustandsschätzung über einen längeren Zeitraum mit einer Positionsunsicherheit in Fahrzeugquerrichtung von unter einen Meter über den Gesamtverlauf der Strecke erreichen. Damit wurde gezeigt, dass mit dem vorgestellten Lokalisierungssystem die Fahrzeugposition auch ohne Satellitenortung zuverlässig verfolgt werden kann.

7 Zusammenfassung und Ausblick

In der vorliegenden Arbeit wurde ein Gesamtsystem zur landmarkenbasierten Lokalisierung von Straßenfahrzeugen vorgestellt, welches die Bilder einer Stereokamera im Fahrzeug und eine vorab erstellte Landmarkenkarte zur Positionsbestimmung nutzt. Dazu wurden für sämtliche erforderlichen Verarbeitungsschritte Lösungen entwickelt und die Leistungsfähigkeit und Praxistauglichkeit der Teilsysteme sowie des Gesamtsystems anhand von realen Daten demonstriert.

Beim Entwurf der Teilsysteme wurde besonderer Wert darauf gelegt, Randbedingungen wie die charakteristische Strukturierung und hohe Regelmäßigkeit von Straßenverkehrsszenen oder die kinematischen Einschränkungen eines Straßenfahrzeugs zu berücksichtigen und für die Lokalisierung auszunutzen. Daraus ergeben sich folgende Lösungen, die im Rahmen dieser Arbeit für die erforderlichen Teilsysteme entwickelt wurden:

Ein *robustes Verfahren zur Bestimmung der Kamerapose anhand der beobachteten Landmarken* wurde in Kapitel 3 eingeführt. Hierfür wurden zunächst bestehende Ansätze zur Positionsbestimmung und zur Korrespondenzsuche zwischen beobachteten Landmarken und der Karte untersucht, sowie eine allgemeine Lösung des Lokalisierungsproblems formuliert. Darauf aufbauend wurde ein robustes System entwickelt, das auch bei großer gegenseitiger Ähnlichkeit und regelmäßiger Anordnung der beobachteten Landmarken noch eine Bestimmung der Pose ermöglicht. Für die Lokalisierung von Straßenfahrzeugen stellt dies eine wichtige Voraussetzung dar, da Straßenszenen sehr regelmäßig strukturiert sind und die beobachtbaren Landmarken, beispielsweise Fahrbahnmarkierungen, eine große Ähnlichkeit aufweisen.

Das resultierende iterative Verfahren zur Bestimmung der Pose und zur Korrespondenzsuche entspricht einer robusten Erweiterung des Iterative Closest Point Verfahrens. Ähnlich wie beim Expectation Maximization Algorithmus werden dabei zunächst die unbekannten Korrespondenzen unter der Annahme einer gegebenen Kamerapose bestimmt und anhand der Korrespondenzen ein verbesserter Schätzwert der Kamerapose ermittelt.

Abweichend vom klassischen ICP-Algorithmus wird dabei nicht eine einzelne Zuordnung anhand des Euklidischen Abstands verwendet, sondern mehrere Zuordnungen anhand der Mahalanobis-Distanz ihrer Position und ihrer Merkmalsvektoren bestimmt und entsprechend ihrer Likelihood gewichtet. Auf diese Weise lässt sich die Konvergenz des Verfahrens insbesondere für den Fall mehrdeutiger Zuordnungen deutlich verbessern. Bei der Bestimmung der Kamerapose kommen außerdem robuste Schätzverfahren zum Einsatz, welche auch dann noch einen genauen Schätzwert liefern, wenn in den Beobachtungen eine große Zahl von Falschdetektionen enthalten ist.

Die erforderliche *Verarbeitung der Kamerabilder und der Luftaufnahmen* für die bildbasierte Lokalisierung wurde in Kapitel 4 beschrieben. Dies umfasst die Erkennung geeigneter Landmarken aus den Bildern einer Stereokameraplattform im Fahrzeug, die Schätzung der Eigenbewegung des Fahrzeugs aus den Bildsequenzen, sowie die automatisierte Erstellung einer Landmarkenkarte aus Luftbildern. Als Landmarken wurden hierfür Fahrbahnmarkierungen gewählt, da diese sowohl in Luftbildern als auch in den Bildern der Fahrzeugkamera gut erkennbar sind und ein ähnliches Erscheinungsbild haben.

Hierbei wurden zunächst bestehende Verfahren zur Merkmalsdetektion und -beschreibung aus Bilddaten untersucht. Für die Landmarkenerkennung aus den Bildern der Fahrzeugkamera wurde ein skaleninvarianter Detektor gewählt, welcher sowohl zur Herstellung von Punktkorrespondenzen als auch zur Bestimmung zusammenhängender Landmarken verwendet werden kann. Anhand der Punktkorrespondenzen zwischen zeitlich aufeinanderfolgenden Bildern wird außerdem die Fahrzeugeigenbewegung bestimmt.

Die Erstellung der Landmarkenkarte aus Luftbildern erfolgt über die Klassifikation mit einer Support Vector Machine anhand einer Menge von vorgegebenen Trainingsbeispielen. Um dabei die Anzahl der erforderlichen Trainingsbeispiele möglichst gering zu halten, wurde ein rotationsinvarianter Deskriptor für die Luftbildklassifikation eingeführt. Aus dem Ergebnis der Klassifikation werden anschließend geometrische Beschreibungen der einzelnen Markierungen bestimmt. Die hohe Regelmäßigkeit der Markierungen und genau definierte Regeln bei der Aufbringung der Markierungen werden anschließend genutzt, um die detektierten Markierungen zu plausibilisieren und gegebenenfalls Falschdetektionen zu entfernen.

Verfahren zur *rekursiven Schätzung des Fahrzeugzustands* anhand der beobachteten Kameraposen und Eigenbewegungen wurden in Kapitel 5 untersucht. Beim Entwurf eines Modells für die Fahrzeugbewegung wurden dabei die kinematischen Eigenschaften eines Straßenfahrzeugs berücksichtigt. Dabei wurde auf bestehenden Verfahren aus dem Bereich der satellitenbasierten Lokalisierung und der Robotik aufgebaut und ein Bewegungsmodell und Beobachtungsmodelle für die bildbasierte Lokalisierung entwickelt.

Die Untersuchung und Bewertung der vorgestellten Verfahren und des Gesamtsystems anhand realer Luftaufnahmen und Bildsequenzen aus dem Versuchsträger wurde schließlich in Kapitel 6 vorgenommen.

Die wichtigsten Ergebnisse dieser Arbeit sind

- *Verwendung von Luftbildern zur automatisierten Erstellung einer Landmarkenkarte.* Dies ermöglicht eine schnelle Erstellung von aktuellem Kartenmaterial für die landmarkenbasierte Lokalisierung, bei gleichzeitig vertretbarem Speicheraufwand für das Kartenmaterial. In dieser Arbeit wurde ein automatisiertes Verfahren zur Kartenerstellung vorgestellt und die Verwendbarkeit dieser Karten zur Lokalisierung demonstriert.

- *Verfahren zur Markierungserkennung aus Stereokamerabildern.* Das in dieser Arbeit vorgestellte Verfahren zur Markierungserkennung kommt weitgehend ohne Modellannahmen und die Vorgabe von Parametern aus. Verbunden mit einem sehr geringen Rechenaufwand ist es damit für den Einsatz im Fahrzeug sehr gut geeignet.

- *Robuste landmarkenbasierte Lokalisierung.* Die im Rahmen dieser Arbeit verwendeten Landmarken weisen eine große gegenseitige Ähnlichkeit auf. Im Unterschied zu bestehenden Verfahren macht dies den Einsatz von robusten Verfahren zur Korrespondenzsuche und zur Bestimmung der Pose erforderlich. Im Rahmen dieser Arbeit wurde der Einfluss von robusten Schätzern auf das Lokalisierungsergebnis untersucht und ein geeignetes Verfahren für die bildbasierte Lokalisierung abgeleitet.

- *Umsetzung der landmarkenbasierten Lokalisierung im Fahrzeug.* Die vorgestellten Verfahren wurden so entworfen, dass sie auf aktuellen Rechnersystemen in Echtzeit lauffähig sind. Eine Implementierung des resultierenden Lokalisierungssystems wurde im Fahrzeug anhand von realen Daten überprüft. Damit konnte im Rahmen dieser Arbeit die Machbarkeit einer bildbasierten Lokalisierung von Straßenfahrzeugen demonstriert werden.

Das im Rahmen dieser Arbeit entwickelte System demonstriert die Machbarkeit einer landmarkenbasierten Lokalisierung für Straßenfahrzeuge. Sie bildet damit die Grundlage für zahlreiche Erweiterungsmöglichkeiten und Weiterentwicklungen, mit welchen sich die Genauigkeit und die Zuverlässigkeit weiter steigern lassen. Vielversprechend sind insbesondere

- *Verwendung mehrerer Landmarkenklassen.* Als eine der größten Herausforderungen bei der landmarkenbasierten Lokalisierung hat sich die große Ähnlichkeit der verwendeten Landmarken erwiesen. Die Mehrdeutigkeiten bei der Korrespondenzsuche ließen sich durch die Verwendung weiterer Landmarken, beispielsweise von Verkehrszeichen oder Lichtmasten, deutlich verringern.

- *Multi-Hypothesen-Verfahren zur Zustandsschätzung.* Die große Ähnlichkeit der verwendeten Landmarken hat außerdem zur Folge, dass häufig mehrere ähnlich wahrscheinliche Positionshypothesen existieren. In solchen Fällen ist es sinnvoll, mehrere Hypothesen zu verfolgen anstatt eine Fehlentscheidung für eine einzige Hypothese zu treffen, die eine Neuinitialisierung der Zustandsschätzung zur Folge haben kann.

- *Kartenplausibilisierung und lernende Karten.* Ein weiterer wichtiger Parameter für die Verlässlichkeit einer landmarkenbasierten Lokalisierung ist die Aktualität und Genauigkeit des verwendeten digitalen Kartenmaterials. Da sich Ungenauigkeiten und veraltete Informationen in der Karte nicht gänzlich ausschließen lassen, ist für den Praxiseinsatz einer landmarkenbasierten Lokalisierung ein Verfahren zur Plausibilisierung der digitalen Karte unerlässlich. Idealerweise würde ein solches Verfahren auch die Position vorhandener Landmarken in der Karte korrigieren und neu erkannte Landmarken in der Karte ablegen.

A Anhang

A.1 Rekursive Bayes-Filter

Bayes-Filter stellen eine allgemeine Lösung zur Schätzung des Zustands $\mathbf{z}(t_k)$ eines Systems aus einer Menge von unsicherheitsbehafteten Beobachtungen $\mathbf{x}(t_0), \ldots, \mathbf{x}(t_k)$ über die Bestimmung der a-posteriori-Wahrscheinlichkeitsdichte

$$\mathrm{p}(\mathbf{z}(t_k)|\mathbf{x}(t_{k-1}), \mathbf{x}(t_{k-2}), \ldots, \mathbf{x}(t_0)) \tag{A.1}$$

dar [*Fox et al.* 2003; *Thrun et al.* 2005].

Der Aufwand zur geschlossenen Bestimmung dieser Funktion wächst exponentiell mit der Anzahl an Beobachtungszeitpunkten an, weshalb für die Praxis vor allem rekursive Verfahren zur Zustandsschätzung von Interesse sind.

Für Systeme, welche die Markov-Eigenschaft erfüllen, gilt

$$\mathrm{p}(\mathbf{z}(t_k)|\mathbf{z}(t_{k-1}), \mathbf{z}(t_{k-2}), \ldots, \mathbf{z}(t_0)) = \mathrm{p}(\mathbf{z}(t_k)|\mathbf{z}(t_{k-1})), \tag{A.2}$$

der aktuelle Zustand des Systems hängt also nur vom vorangegangenen Zustand ab. Setzt man weiterhin voraus, dass die Beobachtung $\mathbf{x}(t_k)$ zum Zeitpunkt t_k nur vom Zustand $\mathbf{z}(t_k)$ abhängt (vgl. Abbildung A.1), also

$$\mathrm{p}(\mathbf{x}(t_k)|\mathbf{z}(t_k), \mathbf{z}(t_{k-1}), \ldots, \mathbf{z}(t_0)) = \mathrm{p}(\mathbf{x}(t_k)|\mathbf{z}(t_k)), \tag{A.3}$$

lässt sich daraus ein rekursives Verfahren zur Zustandsschätzung ableiten.

Die Wahrscheinlichkeitsverteilung des Zustands zum Zeitpunkt t_k für eine gegebene Beobachtung $\mathbf{x}_k$ lautet dann

$$\mathrm{p}(\mathbf{z}(t_k)|\mathbf{x}(t_k)) = \alpha \cdot \mathrm{p}(\mathbf{x}(t_k)|\mathbf{z}(t_k)) \cdot \mathrm{p}(\mathbf{z}(t_k)|\mathbf{x}(t_{k-1})). \tag{A.4}$$

Dabei ist

$$\mathrm{p}(\mathbf{z}(t_k)|\mathbf{x}(t_{k-1})) = \int \mathrm{p}(\mathbf{z}(t_k)|\mathbf{z}(t_{k-1})) \cdot \mathrm{p}(\mathbf{z}(t_{k-1})|\mathbf{x}(t_{k-1})) \, d\mathbf{z}(t_{k-1}) \tag{A.5}$$

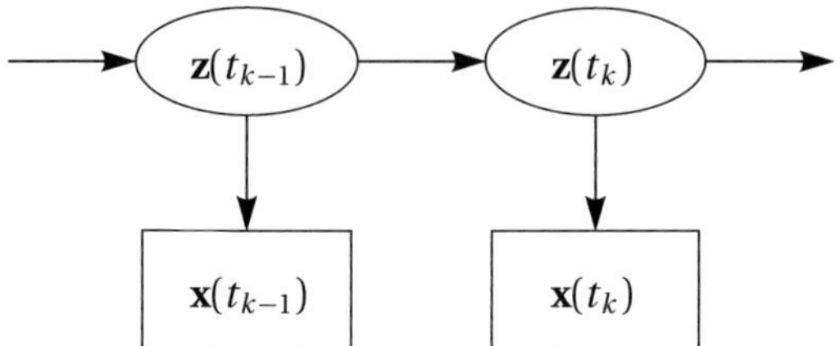

Abbildung A.1: Bayessches Netz der Zustände und Beobachtungen des für die rekursiven Bayesschen Schätzer vorausgesetzten Systemmodells.

die anhand eines Systemmodells und der Wahrscheinlichkeitsverteilung des vorangegangenen Zeitpunkts prädizierte Wahrscheinlichkeitsverteilung des Zustands zum Zeitpunkt t_k.

Aus dieser allgemeinen Formulierung lassen sich zahlreiche Spezialisierungen ableiten, von denen die wichtigsten im Folgenden kurz beschrieben werden.

- Das *Kalman-Filter* [*Kalman* 1960] verwendet ein lineares System- und Beobachtungsmodell und bildet die Wahrscheinlichkeitsdichten durch Erwartungswert und Kovarianz ab. Für lineare Systeme, deren Unsicherheiten vollständig durch diese beiden Momente beschrieben werden, ist das Kalman-Filter das beste lineare erwartungstreue Filter minimaler Varianz.

- Das *erweiterte Kalman-Filter* ist eine Erweiterung des Kalman-Filters auf nichtlineare Systeme, welches aber keine erwartungstreue und optimale Schätzung ermöglicht. Zur Prädiktion und Innovation werden beim erweiterten Kalman-Filter Taylorapproximationen der nichtlinearen Modellfunktionen verwendet.

- Das *Sigmapunkt-Kalman-Filter*, häufig auch Unscented Kalman-Filter, [*Julier et al.* 1995] ist ebenfalls eine Erweiterung des Kalman-Filters auf nichtlineare Systeme und liefert im Allgemeinen bessere Ergebnisse als das erweiterte Kalman-Filter. Die Wahrscheinlichkeitsdichten werden dabei durch eine Menge an sogenannten Sigmapunkten abgebildet und mit den nichtlinearen Modellfunktionen transformiert. Aus den transformierten Sigmapunkten wird anschließend die resultierende Verteilung bestimmt. Der besseren Approximation der tatsächlichen Verteilung und dem Wegfall der Taylorapproximation steht ein erhöhter Rechenaufwand gegenüber, so dass je nach Anwendungsfall das erweiterte oder das Sigmapunkt-Kalman-Filter vorteilhaft ist.

- Das *Multihypothesen-Kalman-Filter* ist eine Erweiterung des Kalman-Filters auf multimodale Wahrscheinlichkeitsverteilungen. Dazu werden mehrere Hypothesen in jeweils einem Kalman-Filter verfolgt. Die resultierende Wahrscheinlichkeitsverteilung ist damit eine Gaußsche Mischverteilung, also die gewichtete Summe der Gaußverteilungen der einzelnen Hypothesen.

- Bei der *sequentiellen Monte Carlo Methode*, häufig auch Partikelfilter [*Ristic et al.* 2004], wird die Wahrscheinlichkeitsdichtefunktion durch eine große Menge an diskreten Punkten, den sogenannten Partikeln, abgebildet. Auf diese Weise lassen sich beliebige Verteilungsdichtefunktionen modellieren, allerdings mit deutlich erhöhtem und mit der Zahl an Partikeln wachsendem Rechenaufwand.

A.2 Koordinatentransformationen

Häufig sind die Koordinaten eines Punktes in einem Bezugskoordinatensystem A gegeben, müssen aber bezüglich eines anderen Koordinatensystems B weiterverarbeitet werden.

Im Folgenden werden hierfür benötigten Transformationen für den im Rahmen dieser Arbeit erforderlichen Fall in $\mathbb{R}^3$ angegeben, welche sich aber auch auf andere Dimensionen $\mathbb{R}^n$ übertragen lassen.

Für die Koordinatentransformation erforderlich ist zunächst eine Transformationsmatrix $\mathbf{T}$, welche die Basisvektoren $(\mathbf{a}_1, \mathbf{a}_2, \mathbf{a}_3)$ des Koordinatensystems A in die Basisvektoren $(\mathbf{b}_1, \mathbf{b}_2, \mathbf{b}_3)$ des Koordinatensystems B überführt,

$$(\mathbf{b}_1, \mathbf{b}_2, \mathbf{b}_3) = \mathbf{T} \cdot (\mathbf{a}_1, \mathbf{a}_2, \mathbf{a}_3) \,. \tag{A.6}$$

Für orthonormale Basisvektoren, welche jeweils ein Rechtssystem bilden, entspricht diese Transformation einer Rotationsmatrix $\mathbf{R} = (\mathbf{r}_1, \mathbf{r}_2, \mathbf{r}_3)$, mit den Eigenschaften

$$\det(\mathbf{R}) = 1 \tag{A.7}$$

$$\|\mathbf{r}_1\| = \|\mathbf{r}_2\| = \|\mathbf{r}_3\| = 1 \tag{A.8}$$

$$\mathbf{r}_1^{\mathrm{T}}\mathbf{r}_2 = \mathbf{r}_1^{\mathrm{T}}\mathbf{r}_3 = \mathbf{r}_2^{\mathrm{T}}\mathbf{r}_3 = 1 \tag{A.9}$$

Zusammen mit der Translation **t** des Koordinatenursprungs beider Systeme lässt sich damit die Umrechnung eines gegebenen Punktes $\mathbf{x}^B$ in Koordinatensystem B in das Koordinatensystem A angeben. Ist beispielsweise $\mathbf{t}_B^A$ die Position des Ursprungs von Koordinatensystem B bezüglich Koordinatensystem A und $\mathbf{R}_B^A$ die Rotation des Koordinatensystems B bezüglich Koordinatensystem A, lautet diese

$$\mathbf{x}^A = \mathbf{R}_B^{A\,-1}\mathbf{x}^B + \mathbf{t}_B^A \tag{A.10}$$

und entsprechend die Umrechnung von Koordinatensystem A in Koordinatensystem B

$$\mathbf{x}^B = \mathbf{R}_B^A\left(\mathbf{x}^A - \mathbf{t}_B^A\right) . \tag{A.11}$$

Diese Beschreibung der Koordinatentransformation als Rotation **R** und Translation **t** ist zwar anschaulich und zweckmäßig, für einige Anwendungen sind aber andere Darstellungen vorteilhaft.

Insbesondere für die Verkettung mehrerer Koordinatentransformationen ist beispielsweise die Beschreibung durch *homogene Koordinaten* wesentlich besser geeignet, da Rotation und Translation durch eine einzige Matrix dargestellt werden.

Hierfür wird der Koordinatenvektor um eine zusätzliche Dimension erweitert und Rotation und Translation in einer Matrix zusammengefasst,

$$\tilde{\mathbf{x}} = \begin{pmatrix} \mathbf{x} \\ 1 \end{pmatrix} \tag{A.12}$$

$$\mathbf{T} = \begin{pmatrix} \mathbf{R} & \mathbf{t} \\ \mathbf{0} & 1 \end{pmatrix} . \tag{A.13}$$

Die Verkettung mehrerer Koordinatentransformationen lässt sich damit auf einfache Weise durch Multiplikation der jeweiligen Transformationsmatrizen bestimmen. Beispielsweise lässt sich die Transformation eines Punktes $\tilde{\mathbf{x}}^C$ von Koordinatensystem C in das Koordinatensystem A darstellen als

$$\tilde{\mathbf{x}}^A = \mathbf{T}_C^A \cdot \tilde{\mathbf{x}}^C = \mathbf{T}_B^A \cdot \mathbf{T}_C^B \cdot \tilde{\mathbf{x}}^C . \tag{A.14}$$

Ebenfalls weit verbreitet ist die Darstellung von Rotationen durch *Eulerwinkel*. Dabei wird die Rotation durch die Drehwinkel dreier aufeinanderfolgender Rotationen um die Koordinatenachsen beschrieben. Im Rahmen dieser Arbeit wird für die Abfolge der Rotationen die Konvention nach [DIN 9300] verwendet, bei welcher zunächst eine Rotation um die um die z-Achse mit dem

Gierwinkel ψ, danach eine Rotation um die resultierende y-Achse und mit dem Nickwinkels φ und schließlich eine Rotation um die x-Achse mit dem Wankwinkel θ erfolgt.

Mit den jeweiligen Rotationsmatrizen für Nick- Wank- und Gierwinkel

$$\mathbf{R}_\theta = \begin{pmatrix} 1 & 0 & 0 \\ 0 & \cos\theta & \sin\theta \\ 0 & -\sin\theta & \cos\theta \end{pmatrix} \tag{A.15}$$

$$\mathbf{R}_\varphi = \begin{pmatrix} \cos\varphi & 0 & -\sin\varphi \\ 0 & 1 & 0 \\ \sin\varphi & 0 & \cos\varphi \end{pmatrix} \tag{A.16}$$

$$\mathbf{R}_\psi = \begin{pmatrix} \cos\psi & \sin\psi & 0 \\ -\sin\psi & \cos\psi & 0 \\ 0 & 0 & 1 \end{pmatrix} \tag{A.17}$$

lautet damit der Zusammenhang zwischen Eulerwinkeln und Rotationsmatrix

$$\mathbf{R} = \mathbf{R}_\theta \cdot \mathbf{R}_\varphi \cdot \mathbf{R}_\psi . \tag{A.18}$$

A.3 Eigenbewegungsschätzung aus Bildsequenzen einer Stereokamera

Für eine kalibrierte Stereokamera lässt sich mit den *Longuet-Higgins-Gleichungen* [*Longuet-Higgins und Prazdny* 1980] aus der Verschiebung der markanten Bildpunkte zwischen rechtem und linkem Kamerabild und der zeitlichen Verschiebung zwischen aufeinanderfolgenden Bildpaaren die Bewegung der Kamera bestimmen.

Ausgangspunkt ist die Relativbewegung eines Objektpunktes $\dot{\mathbf{x}}^{\mathrm{K}} = (\dot{x}^{\mathrm{K}}, \dot{y}^{\mathrm{K}}, \dot{z}^{\mathrm{K}})^{\mathrm{T}}$ relativ zur Kamera. Unter der Annahme einer starren Szene ist diese für jeden Punkt durch die Translation der Kamera mit den Geschwindigkeitskomponenten $\mathbf{v}_K^{\mathrm{K}} = (v_{K,x}^{\mathrm{K}}, v_{K,y}^{\mathrm{K}}, v_{K,z}^{\mathrm{K}})^{\mathrm{T}}$ und die Rotation mit den Winkelgeschwindigkeiten $\boldsymbol{\omega}_K^{\mathrm{K}} = (\omega_{K,\theta}^{\mathrm{K}}, \omega_{K,\varphi}^{\mathrm{K}}, \omega_{K,\psi}^{\mathrm{K}})^{\mathrm{T}}$ vollständig beschrieben durch

$$\dot{\mathbf{x}}^{\mathrm{K}} = -\mathbf{v}_K^{\mathrm{K}} - \boldsymbol{\omega}_K^{\mathrm{K}} \times \mathbf{x}^{\mathrm{K}} . \tag{A.19}$$

Mit Hilfe von Gleichung 2.1 lässt sich daraus die 2D-Bewegung eines markanten Punktes in der Bildebene $(\dot{x}^{\text{R}}, \dot{y}^{\text{R}})^{\text{T}}$ angeben zu

$$\dot{x}^{\text{R}} = \frac{\dot{y}^{\text{K}}}{x^{\text{K}}} - \frac{y^{\text{K}}\dot{x}^{\text{K}}}{x^{\text{K}2}} \tag{A.20}$$

$$= \left(-\frac{v^{\text{K}}_{K,y}}{x^{\text{K}}} - \omega^{\text{K}}_{K,\psi} + \omega^{\text{K}}_{K,\theta} y^{\text{R}} \right) - x^{\text{R}} \left(-\frac{v^{\text{K}}_{K,x}}{x^{\text{K}}} - \omega^{\text{K}}_{K,\varphi} y^{\text{R}} + \omega^{\text{K}}_{K,\psi} x^{\text{R}} \right), \tag{A.21}$$

$$\dot{y}^{\text{R}} = \frac{\dot{z}^{\text{K}}}{x^{\text{K}}} - \frac{z^{\text{K}}\dot{x}^{\text{K}}}{x^{\text{K}2}} \tag{A.22}$$

$$= \left(-\frac{v^{\text{K}}_{K,z}}{x^{\text{K}}} - \omega^{\text{K}}_{K,\theta} x^{\text{R}} + \omega^{\text{K}}_{K,\varphi} \right) - y^{\text{R}} \left(-\frac{v^{\text{K}}_{K,x}}{x^{\text{K}}} - \omega^{\text{K}}_{K,\varphi} y^{\text{R}} + \omega^{\text{K}}_{K,\psi} x^{\text{R}} \right). \tag{A.23}$$

Einsetzen von Gleichung (2.3) in Gleichung (A.23) und Trennung der translatorischen und rotatorischen Anteile liefert schließlich für jeden der i markanten Punkte die Bestimmungsgleichung für den 2D-Geschwindigkeitsvektor im Bildkoordinatensystem

$$\begin{pmatrix} \dot{x}^{\text{R}}_i \\ \dot{y}^{\text{R}}_i \end{pmatrix} = \mathbf{H}_i \cdot (v^{\text{K}}_{K,x}, v^{\text{K}}_{K,y}, v^{\text{K}}_{K,z}, \omega^{\text{K}}_{K,\theta}, \omega^{\text{K}}_{K,\varphi}, \omega^{\text{K}}_{K,\psi})^{\text{T}} \tag{A.24}$$

mit

$$\mathbf{H}_i = \begin{bmatrix} -\dfrac{x^{\text{R}}_i \cdot \Delta_i}{B} & -\dfrac{\Delta_i}{B} & 0 & y^{\text{R}}_i & x^{\text{R}}_i \cdot y^{\text{R}}_i & -1 - x^{\text{R}2}_i \\[2ex] -\dfrac{y^{\text{R}}_i \cdot \Delta_i}{B} & 0 & -\dfrac{\Delta_i}{B} & -x^{\text{R}}_i & 1 + y^{\text{R}2}_i & -x^{\text{R}}_i \cdot y^{\text{R}}_i \end{bmatrix} .$$

Darin sind $(x^{\text{R}}_i, y^{\text{R}}_i)^{\text{T}}$ die Koordinaten im rechten Kamerabild und Δ_i die Disparität des i-ten markanten Punktes.

Aus der Verschiebung des markanten Bildpunktes $(u_i, v_i)^{\text{T}}$ zwischen zeitlich aufeinanderfolgenden Bildern und dem Zusammenhang $(\dot{x}^{\text{R}}_i, \dot{y}^{\text{R}}_i)^{\text{T}} \approx (u_i, v_i)^{\text{T}}/T$ lässt sich daraus beispielsweise über einen Least-Squares-Ansatz die Bewegung des Fahrzeugs bestimmen.

Literaturverzeichnis

E. ABBOTT UND D. POWELL 1999: Land-Vehicle Navigation using GPS. *Proceedings of the IEEE*, 87(1): 145 – 162.

M. AGRAWAL UND K. KONOLIGE 2006: Real-Time Localization in Outdoor Environments using Stereo Vision and Inexpensive GPS. *18th International Conference on Pattern Recognition (ICPR)*, 3: 1063 – 1068.

M. AGRAWAL UND K. KONOLIGE 2007: Rough Terrain Visual Odometry. In *Proceedings of the International Conference on Advanced Robotics (ICAR)*.

M. AGRAWAL, K. KONOLIGE, UND M. R. BLAS 2008: CenSurE: Center Surround Extremas for Realtime Feature Detection and Matching. In *Computer Vision - ECCV 2008*, Band 5305/2008 von *Lecture Notes in Computer Science*, Seiten 102 – 115. Springer Berlin / Heidelberg.

D. AMMON 1997: *Modellbildung und Systementwicklung in der Fahrzeugdynamik.* Teubner, Stuttgart.

K. S. ARUN, T. S. HUANG, UND S. D. BLOSTEIN 1987: Least-Squares Fitting of Two 3-D Point Sets. *IEEE Transactions on Pattern Analysis and Machine Intelligence*, 9(5): 698 – 700.

Y. BAR-SHALOM, T. KIRUBARAJAN, UND X. R. LI 2001: *Estimation with Applications to Tracking and Navigation.* Wiley-Interscience.

Y. BAR-SHALOM UND X. R. LI 1993: *Estimation and Tracking: Principles, Techniques, and Software.* Artech House, Boston, London.

H. BAY, A. ESS, T. TUYTELAARS, UND L. VANGOOL 2008: Speeded-Up Robust Features (SURF). *Computer Vision and Image Understanding*, 110(3): 346 – 359.

S. BELONGIE, J. MALIK, UND J. PUZICHA 2002: Shape Matching and Object Recognition using Shape Contexts. *IEEE Transactions on Pattern Analysis and Machine Intelligence*, 24(4): 509 – 522.

P. J. BESL UND N. D. MCKAY 1992: A Method for Registration of 3-D Shapes. *IEEE Transactions on Pattern Analysis and Machine Intelligence*, 14(2): 239 – 256.

D. BEVLY, J. RYU, UND J. GERDES 2006: Integrating INS Sensors With GPS Measurements for Continuous Estimation of Vehicle Sideslip, Roll, and Tire Cornering Stiffness. *IEEE Transactions on Intelligent Transportation Systems*, 7(4): 483 – 493.

R. BILL 1999: *Grundlagen der Geo-Informationssysteme*, Band 1: Hardware, Software und Daten. Wichmann, 4. Auflage.

C. M. BISHOP 2007: *Pattern Recognition and Machine Learning (Information Science and Statistics)*. Springer, 1. Auflage.

F. BÖHRINGER 2008: *Gleisselektive Ortung von Schienenfahrzeugen mit bordautonomer Sensorik*. Dissertation, Universität Karlsruhe (TH), Karlsruhe. Schriftenreihe Institut für Mess- und Regelungstechnik, Universitätsverlag Karlsruhe, Nr. 011.

C. BRENNER 2009: Umgebungsbeschreibungen für Fahrerassistenzsysteme. In *6. Workshop Fahrerassistenzsysteme FAS 2009*, Seiten 1 – 10.

T. S. CAETANO, T. CAELLI, D. SCHUURMANS, UND D. A. C. BARONE 2006: Graphical Models and Point Pattern Matching. *IEEE Transactions on Pattern Analysis and Machine Intelligence*, 28(10): 1646 – 1663.

G. CARNEIRO UND A. JEPSON 2003: Multi-Scale Phase-Based Local Features. In *IEEE Computer Society Conference on Computer Vision and Pattern Recognition (CVPR) 2003*, Band 1, Seiten 736 – 743.

Y. CHEN UND G. MEDIONI 1991: Object Modeling by Registration of Multiple Range Images. In *Proceedings of the IEEE International Conference on Robotics and Automation ICRA 1991*, Band 3, Seiten 2724 – 2729.

D. CHETVERIKOV, D. SVIRKO, D. STEPANOV, UND P. KRSEK 2002: The Trimmed Iterative Closest Point Algorithm. In *International Conference on Pattern Recognition*, Band 3, Seiten 545 – 548.

A. K. R. CHOWDHURY UND R. CHELLAPPA 2003: Stochastic Approximation and Rate-Distortion Analysis for Robust Structure and Motion Estimation. *International Journal of Computer Vision*, 55(1): 27 – 53.

H. CHUI UND A. RANGARAJAN 2000: A Feature Registration Framework using Mixture Models. In *Proceedings of the IEEE Workshop on Mathematical Methods in Biomedical Image Analysis 2000*, Seiten 190 – 197.

R. CUCCHIARA, C. GRANA, M. PICCARDI, A. PRATI, UND S. SIROTTI 2001: Improving Shadow Suppression in Moving Object Detection with HSV Color Information. In *Proceedings of the IEEE International Conference on Intelligent Transportation Systems 2001*, Seiten 334 – 339.

T. DANG UND C. STILLER 2009: Kontinuierliche Selbstkalibrierung von Stereokameras. *tm – Technisches Messen*, 76(4): 167 – 174.

A. DAVISON, I. REID, N. MOLTON, UND O. STASSE 2007: MonoSLAM: Real-Time Single Camera SLAM. *IEEE Transactions on Pattern Analysis and Machine Intelligence*, 29(6): 1052 – 1067.

A. P. DEMPSTER, N. M. LAIRD, UND D. B. RUBIN 1977: Maximum Likelihood from Incomplete Data via the EM Algorithm. *Journal of the Royal Statistical Society, Series B*, 39(1): 1 – 38.

G. DESOUZA UND A. KAK 2002: Vision for Mobile Robot Navigation: A Survey. *IEEE Transactions on Pattern Analysis and Machine Intelligence*, 24(2): 237 – 267.

DIN 70000 1994: *Straßenfahrzeuge; Fahrzeugdynamik und Fahrverhalten; Begriffe.*

DIN 9300 1990: *Luft- und Raumfahrt; Begriffe, Größen und Formelzeichen der Flugmechanik.*

DIN EN ISO 8373 1996: *Industrieroboter - Wörterbuch (ISO 8373:1994); Deutsche Fassung EN ISO 8373:1996.*

G. DISSANAYAKE, S. SUKKARIEH, E. NEBOT, UND H. DURRANT-WHYTE 2001: The Aiding of a Low-Cost Strapdown Inertial Measurement Unit using Vehicle Model Constraints for Land Vehicle Applications. *IEEE Transactions on Robotics and Automation*, 17(5): 731 – 747.

C. DOGRUER, B. KOKU, UND M. DOLEN 2008: Global Urban Localization of Outdoor Mobile Robots using Satellite Images. In *IEEE/RSJ International Conference on Intelligent Robots and Systems IROS 2008*, Seiten 3927 – 3932.

DOP 2007: *Technisches Regelwerk für den Datenaustausch von Digitalen Orthophotos (DOP).* Arbeitsgemeinschaft der Vermessungsverwaltungen der Länder der Bundesrepublik Deutschland (AdV).

C. DORNHEGE UND A. KLEINER 2006: Visual Odometry for Tracked Vehicles. In *Proceedings of the IEEE International Workshop on Safety, Security and Rescue Robotics (SSRR).* Gaithersburg, Maryland, USA.

H. DURRANT-WHYTE UND T. BAILEY 2006: Simultaneous Localisation and Mapping (SLAM): Part I The Essential Algorithms. *IEEE Robotics and Automation Magazine*, 2.

D. W. EGGERT, A. LORUSSO, UND R. B. FISHER 1997: Estimating 3-D Rigid Body Transformations: A Comparison of Four Major Algorithms. *Machine Vision Applications*, 9(5-6): 272 – 290.

R. S. J. ESTÉPAR, A. BRUN, UND C.-F. WESTIN 2004: Robust Generalized Total Least Squares Iterative Closest Point Registration. In C. BARILLOT, D. R. HAYNOR, UND P. HELLIER, Herausgeber, *Proceedings of the 7th International Conference on Medical Image Computing and Computer-Assisted Intervention MICCAI 2004*, Band 3216 von *Lecture Notes in Computer Science*, Seiten 234 – 241. Springer Berlin / Heidelberg.

M. A. FISCHLER UND R. C. BOLLES 1981: Random Sample Consensus: A Paradigm for Model Fitting with Applications to Image Analysis and Automated Cartography. *Communications of the ACM*, 24(6): 381 – 395.

D. FONTANELLI, L. RICCIATO, UND S. SOATTO 2007: A Fast RANSAC-Based Registration Algorithm for Accurate Localization in Unknown Environments using LIDAR Measurements. In *IEEE International Conference on Automation Science and Engineering (CASE) 2007*, Seiten 597 – 602.

D. FOX, J. HIGHTOWER, L. LIAO, D. SCHULZ, UND G. BORRIELLO 2003: Bayesian Filtering for Location Estimation. *IEEE Pervasive Computing*, 2: 24 – 33.

C. FRÜH UND A. ZAKHOR 2003: Constructing 3d City Models by Merging Ground-Based and Airborne Views. In *IEEE Computer Society Conference on Computer Vision and Pattern Recognition (CVPR) 2003*, Band 2, Seiten 562 – 569.

C. FRÜH UND A. ZAKHOR 2004: An Automated Method for Large-Scale, Ground-Based City Model Acquisition. *International Journal of Computer Vision*, 60(1): 5 – 24.

J.-M. GEUSEBROEK, R. VAN DEN BOOMGAARD, A. W. M. SMEULDERS, UND H. GEERTS 2001: Color Invariance. *IEEE Transactions on Pattern Analysis and Machine Intelligence*, 23(12): 1338 – 1350.

M. GRABNER, H. GRABNER, UND H. BISCHOF 2006: Fast Approximated Sift. In *7th Asian Conference of Computer Vision*, Seiten 918 – 927.

S. GRANGER, X. PENNEC, UND A. ROCHE 2001: Rigid Point-Surface Registration using an EM Variant of ICP for Computer Guided Oral Implantology. In *Proceedings of the 4th International Conference on Medical Image Computing and Computer-Assisted Intervention MICCAI 2001*, Seiten 752 – 761. Springer-Verlag, London, UK.

M. S. GREWAL, L. R. WEILL, UND A. P. ANDREWS 2007: *Global Positioning Systems, Inertial Navigation, and Integration.* Wiley, Hoboken, NJ, 2. Auflage.

F. GUSTAFSSON, F. GUNNARSSON, N. BERGMAN, U. FORSSELL, J. JANSSON, R. KARLSSON, UND P.-J. NORDLUND 2002: Particle Filters for Positioning, Navigation, and Tracking. *IEEE Transactions on Signal Processing*, 50(2): 425 – 437.

C. HARRIS UND M. STEPHENS 1988: A Combined Corner and Edge Detector. In *The Fourth Alvey Vision Conference*, Seiten 147 – 151.

R. I. HARTLEY UND A. ZISSERMAN 2004: *Multiple View Geometry in Computer Vision.* Cambridge University Press.

B. HOFMANN-WELLENHOF, H. LICHTENEGGER, UND E. WASLE 2007: *GNSS - Global Navigation Satellite Systems: GPS, GLONASS, Galileo & more.* Springer-Verlag, Wien, New York, 5. Auflage.

B. HORN UND B. SCHUNCK 1981: Determining Optical Flow. *Artificial Intelligence*, 17: 185 – 203.

B. K. P. HORN 1987: Closed-Form Solution of Absolute Orientation using Unit Quaternions. *Journal of the Optical Society of America. A*, 4(4): 629 – 642.

B. K. P. HORN, H. M. HILDEN, UND S. NEGAHDARIPOUR 1988: Closed-Form Solution of Absolute Orientation using Orthonormal Matrices. *Journal of the Optical Society of America. A*, 5(7): 1127 – 1135.

J. HORN, A. BACHMANN, UND T. DANG 2007: Stereo Vision Based Ego Motion Estimation with Sensor Supported Subset Validation. In *Proceedings of the IEEE Intelligent Vehicles Symposium 2007*, Seiten 741 – 748. IEEE Intelligent Vehicles Symposium, Istanbul, Turkey.

A. HOWARD 2008: Real-Time Stereo Visual Odometry For Autonomous Ground Vehicles. In *IEEE/RSJ International Conference on Intelligent Robots and Systems, IROS 2008*, Seiten 3946 – 3952.

J. HUANG UND H.-S. TAN 2006: A Low-Order DGPS-Based Vehicle Positioning System Under Urban Environment. *IEEE/ASME Transactions on Mechatronics*, 11(5): 567 – 575.

E. M. HUBER, PETER J. ; RONCHETTI 2009: *Robust Statistics.* Wiley Series in Probability and Statistics. Wiley, New York, 2. Auflage.

B. JÄHNE 2005: *Digitale Bildverarbeitung*. Springer-Verlag, Berlin, 6. Auflage.

A. E. JOHNSON UND M. HEBERT 1999: Using Spin Images for Efficient Object Recognition in Cluttered 3D Scenes. *IEEE Transactions on Pattern Analysis and Machine Intelligence*, 21(5): 433 – 449.

S. J. JULIER, J. K. UHLMANN, UND H. F. DURRANT-WHYTE 1995: A New Approach for Filtering Nonlinear Systems. In *Proceedings of the 1995 American Control Conference*, Band 3, Seiten 1628 – 1632.

T. KADIR, A. ZISSERMAN, UND M. BRADY 2004: An Affine Invariant Salient Region Detector. In *Computer Vision - ECCV 2004*, Band 1, Seiten 228 – 241.

R. KALMAN 1960: A New Approach to Linear Filtering and Prediction Problems. *Journal of Basic Engineering*, 82(1): 35 – 45.

S. KAMMEL, J. ZIEGLER, B. PITZER, M. WERLING, T. GINDELE, D. JAGZENT, J. SCHRÖDER, M. THUY, M. GOEBL, F. VON HUNDELSHAUSEN, O. PINK, C. FRESE, UND C. STILLER 2008: Team AnnieWAY's Autonomous System for the 2007 DARPA Urban Challenge. *Journal of Field Robotics*, 25(9): 615 – 639.

E. A. KHAN UND E. REINHARD 2005: Evaluation of Color Spaces for Edge Classification in Outdoor Scenes. In *International Conference on Image Processing*.

N. KÄMPCHEN, K. WEISS, M. SCHÄFER, UND K. DIETMAYER 2004: IMM Object Tracking for High Dynamic Driving Maneuvers. In *Proceedings of the IEEE Intelligent Vehicles Symposium 2004*, Seiten 825 – 830.

K. KONOLIGE, M. AGRAWAL, UND J. SOLÀ 2007: Large Scale Visual Odometry for Rough Terrain. In *Proceedings of the International Symposium on Robotics Research*.

E. KROTKOV 1989: Mobile Robot Localization using a Single Image. In *Proceedings of the IEEE International Conference on Robotics and Automation, 1989*, Band 2, Seiten 978 – 983.

R. KÜMMERLE, B. STEDER, C. DORNHEGE, A. KLEINER, G. GRISETTI, UND W. BURGARD 2009: Large Scale Graph-based SLAM using Aerial Images as Prior Information. In *Proceedings of Robotics: Science and Systems (RSS)*.

S. LAZEBNIK, C. SCHMID, UND J. PONCE 2005: A Sparse Texture Representation using Local Affine Regions. *IEEE Transactions on Pattern Analysis and Machine Intelligence*, 27: 1265 – 1278.

T. LEMAIRE, C. BERGER, I. JUNG, UND S. LACROIX 2007: Vision-Based SLAM: Stereo and Monocular Approaches. *International Journal of Computer Vision*, 74(3): 343 – 364.

J. LEVINSON, M. MONTEMERLO, UND S. THRUN 2007: Map-Based Precision Vehicle Localization in Urban Environments. In *Proceedings of Robotics: Science and Systems (RSS)*. Atlanta, USA.

X. R. LI UND V. P. JILKOV 2003: Survey of Maneuvering Target Tracking. Part I. Dynamic Models. *IEEE Transactions on Aerospace and Electronic Systems*, 39(4): 1333 – 1364.

T. LINDEBERG 1998: Feature Detection with Automatic Scale Selection. *International Journal of Computer Vision*, 30(2): 79 – 116.

H. C. LONGUET-HIGGINS UND K. PRAZDNY 1980: The Interpretation of a Moving Retinal Image. *Proceedings of the Royal Society of London, Series B*, 208: 385 – 397.

D. G. LOWE 1999: Object Recognition from Local Scale-Invariant Features. In *Proceedings of the International Conference on Computer Vision (ICCV)*.

D. G. LOWE 2004: Distinctive Image Features from Scale-Invariant Keypoints. *International Journal of Computer Vision*, 60(2): 91 – 110.

D. MARR UND E. HILDRETH 1980: Theory of Edge Detection. *Proceedings of the Royal Society of London. Series B*, 207(1167): 187 – 217.

R. MARTINEZ-CANTIN UND J. CASTELLANOS 2005: Unscented SLAM for Large-Scale Outdoor Environments. In *IEEE/RSJ International Conference on Intelligent Robots and Systems IROS 2005*, Seiten 3427 – 3432.

J. MATAS, O. CHUM, M. URBAN, UND T. PAJDLA 2004: Robust Wide-Baseline Stereo from Maximally Stable Extremal Regions. *Image and Vision Computing*, 22(10): 761 – 767.

N. MATTERN, R. SCHUBERT, UND G. WANIELIK 2010: High-Accurate Vehicle Localization using Digital Maps and Coherency Images. In *Proceedings of the IEEE Intelligent Vehicles Symposium 2010*, Seiten 463 – 469.

E. MICHAELSEN, W. VON HANSEN, M. KIRCHHOF, J. MEIDOW, UND U. STILLA 2006: Estimating the Essential Matrix: GOODSAC versus RANSAC. In W. FÖRSTNER UND R. STEFFEN, Herausgeber, *Symposium of ISPRS Commission III Photogrammetric Computer Vision PCV'06*.

K. MIKOLAJCZYK UND C. SCHMID 2002: An Affine Invariant Interest Point Detector. In *Proceedings of the 7th European Conference on Computer Vision ECCV.*

K. MIKOLAJCZYK UND C. SCHMID 2004: Scale and Affine Invariant Interest Point Detectors. *International Journal of Computer Vision*, 60(1): 63 – 86.

K. MIKOLAJCZYK UND C. SCHMID 2005: A Performance Evaluation of Local Descriptors. *IEEE Transactions on Pattern Analysis and Machine Intelligence*, 27(10): 1615 – 1630.

K. MIKOLAJCZYK, T. TUYTELAARS, C. SCHMID, A. ZISSERMAN, J. MATAS, F. SCHAFFALITZKY, T. KADIR, UND L. VAN GOOL 2005: A Comparison of Affine Region Detectors. *International Journal of Computer Vision*, 65(1-2): 43 – 72.

M. MITSCHKE UND H. WALLENTOWITZ 2004: *Dynamik der Kraftfahrzeuge.* Springer-Verlag, Heidelberg, 4. Auflage.

M. MONTEMERLO, S. THRUN, D. KOLLER, UND B. WEGBREIT 2002: FastSLAM: A Factored Solution to the Simultaneous Localization and Mapping Problem. In *Proceedings of the AAAI National Conference on Artificial Intelligence*, Seiten 593 – 598. AAAI.

F. MOOSMANN, O. PINK, UND C. STILLER 2009: Segmentation of 3D Lidar Data in non-flat Urban Environments using a Local Convexity Criterion. In *Proceedings of the IEEE Intelligent Vehicles Symposium 2009*, Seiten 215 – 220. Xi'an, China.

G. MORI, S. BELONGIE, UND J. MALIK 2005: Efficient Shape Matching using Shape Contexts. *IEEE Transactions on Pattern Analysis and Machine Intelligence*, 27(11): 1832 – 1837.

R. MUNGUIA UND A. GRAU 2007: Monocular SLAM for Visual Odometry. In *IEEE International Symposium on Intelligent Signal Processing, 2007. WISP 2007.*, Seiten 1 – 6.

A. NAPIER, G. SIBLEY, UND P. NEWMAN 2010: Real-Time Bounded-Error Pose Estimation for Road Vehicles using Vision. In *Proceedings of the 13th IEEE International Conference on Intelligent Transportation Systems*, Seiten 1141 – 1146.

A. N. NDJENG, D. GRUYER, S. GLASER, UND A. LAMBERT 2010: Low Cost IMU-Odometer-GPS Ego Localization for Unusual Maneuvers. *Information Fusion*, Im Druck.

D. NISTÉR 2004: An Efficient Solution to the Five-Point Relative Pose Problem. *IEEE Transactions on Pattern Analysis and Machine Intelligence*, 26(6): 756 – 777.

D. NISTÉR, O. NARODITSKY, UND J. BERGEN 2004: Visual Odometry. In *Proceedings of the 2004 IEEE Computer Society Conference on Computer Vision and Pattern Recognition, (CVPR) 2004*, Band 1, Seiten 652 – 659.

C. OLSON, L. MATTHIES, H. SCHOPPERS, UND M. MAIMONE 2000: Robust Stereo Ego-Motion for Long Distance Navigation. In *Proceedings of the 2000 IEEE Computer Society Conference on Computer Vision and Pattern Recognition*, Band 2, Seiten 453 – 458.

S.-C. PEI UND J.-H. HORNG 2002: Design of FIR Bilevel Laplacian-of-Gaussian filter. *Signal Processing*, 82(4): 677 – 691.

O. PINK 2008: Visual Map Matching and Localization using a Global Feature Map. In *CVPR Workshop on Visual Localization for Mobile Platforms*.

O. PINK UND B. HUMMEL 2008: A Statistical Approach to Map Matching using Road Network Geometry, Topology and Vehicular Motion Constraints. In *Proceedings of the 11th IEEE International Conference on Intelligent Transportation Systems*, Seiten 862 – 867.

O. PINK, F. MOOSMANN, UND A. BACHMANN 2009: Visual Features for Vehicle Localization and Ego-Motion Estimation. In *Proceedings of the IEEE Intelligent Vehicles Symposium 2009*, Seiten 254 – 260. Xi'an, China.

O. PINK UND C. STILLER 2009: Bildbasierte Lokalisierung mit automatisiert erstellten Merkmalskarten. In *6. Workshop Fahrerassistenzsysteme FAS 2009*, Seiten 68 – 77.

O. PINK UND C. STILLER 2010: Automated Map Generation from Aerial Images for Precise Vehicle Localization. In *Proceedings of the 13th IEEE International Conference on Intelligent Transportation Systems*, Seiten 1517 – 1522.

A. RANGARAJAN, E. MJOLSNESS, S. PAPPU, L. DAVACHI, P. GOLDMAN-RAKIC, UND J. DUNCAN 1996: A Robust Point Matching Algorithm for Autoradiograph Alignment. In K. HÖHNE UND R. KIKINIS, Herausgeber, *Visualization in Biomedical Computing*, Band 1131 von *Lecture Notes in Computer Science*, Seiten 277 – 286. Springer Berlin / Heidelberg.

RAS-L 1995: *Richtlinien für die Anlage von Straßen - Teil: Linienführung*. FGSV.

RAS-Q 1996: *Richtlinien für die Anlage von Straßen - Teil: Querschnitt*. FGSV.

S. REZAEI UND R. SENGUPTA 2007: Kalman Filter-Based Integration of DGPS and Vehicle Sensors for Localization. *IEEE Transactions on Control Systems Technology*, 15(6): 1080 – 1088.

B. RISTIC, S. ARULAMPALAM, UND N. GORDON 2004: *Beyond the Kalman Filter : Particle Filters for Tracking Applications*. Artech House Radar Library. Artech House, Boston.

RMS 1993: *Richtlinien für die Markierung von Straßen - Teil 1: Abmessung und geometrische Anordnung von Markierungszeichen (RMS-1)*. FGSV.

P. ROUSSEEUW 1984: Least Median of Squares Regression. *Journal of the American Statistical Association*, 79: 871 – 880.

P. J. ROUSSEEUW UND A. M. LEROY 2003: *Robust Regression and Outlier Detection*. Wiley Series in Probability and Statistics. Wiley, New York.

P. SALA, R. SIM, A. SHOKOUFANDEH, UND S. DICKINSON 2006: Landmark Selection for Vision-Based Navigation. In *Proceedings of the International Conference on Intelligent Robots and Systems*, Seiten 3131 – 3138. IEEE/RSJ, IEEE Press.

K. VAN DE SANDE, T. GEVERS, UND C. SNOEK 2008: Evaluation of Color Descriptors for Object and Scene Recognition. In *IEEE Computer Society Conference on Computer Vision and Pattern Recognition (CVPR) 2008*, Seiten 1 – 8.

U. SCHEUNERT, H. CRAMER, UND G. WANIELIK 2004: Precise Vehicle Localization using Multiple Sensors and Natural Landmarks. In *Proceedings of the 7th International Conference on Information Fusion*, Seiten 649 – 656.

C. SCHMID, R. MOHR, UND C. BAUCKHAGE 2000: Evaluation of Interest Point Detectors. *International Journal of Computer Vision*, 37(2): 151 – 172.

P. SCHÖNEMANN 1966: A Generalized Solution of the Orthogonal Procrustes Problem. *Psychometrika*, 31(1): 1 – 10.

R. SCHUBERT, E. RICHTER, UND G. WANIELIK 2008: Comparison and Evaluation of Advanced Motion Models for Vehicle Tracking. In *11th International Conference on Information Fusion*, Seiten 1 – 6.

M. SCHWEITZER UND H.-J. WUENSCHE 2009: Efficient Keypoint Matching for Robot Vision using GPUs. In *5th IEEE Workshop on Embedded Computer Vision 2009*.

S. SE, D. LOWE, UND J. LITTLE 2002: Mobile Robot Localization and Mapping with Uncertainty using Scale-Invariant Visual Landmarks. *The International Journal of Robotics Research*, 21(8): 735 – 758.

J. SHI UND C. TOMASI 1994: Good Features to Track. In *IEEE Computer Society Conference on Computer Vision and Pattern Recognition (CVPR) 1994*, Seiten 593 – 600.

I. SKOG UND P. HÄNDEL 2009: In-Car Positioning and Navigation Technologies - A Survey. *IEEE Transactions on Intelligent Transportation Systems*, 10(1): 4 – 21.

C. V. STEWART 2002: Covariance-Based Registration. Technischer Bericht. Dept. of Computer Science, Rensselaer Poly. Inst., New York.

A. TALUKDER, S. GOLDBERG, L. MATTHIES, UND A. ANSAR 2003: Real-Time Detection of Moving Objects in a Dynamic Scene from Moving Robotic Vehicles. In *IEEE/RSJ International Conference on Intelligent Robots and Systems IROS 2003*, Band 2, Seiten 1308 – 1313.

S. THRUN 2002: Robotic Mapping: A Survey. In G. LAKEMEYER UND B. NEBEL, Herausgeber, *Exploring Artificial Intelligence in the New Millenium*. Morgan Kaufmann.

S. THRUN, W. BURGARD, UND D. FOX 2005: *Probabilistic Robotics (Intelligent Robotics and Autonomous Agents)*. The MIT Press.

S. THRUN, D. FOX, W. BURGARD, UND F. DELLAERT 2000: Robust Monte Carlo Localization for Mobile Robots. *Artificial Intelligence*, 128(1-2): 99 – 141.

S. THRUN UND M. MONTEMERLO 2005: The GraphSLAM Algorithm With Applications to Large-Scale Mapping of Urban Structures. *The International Journal of Robotics Research*, 25(5/6): 403 – 430.

D. H. TITTERTON UND J. L. WESTON 2004: *Strapdown Inertial Navigation Technology*. Progress in Astronautics and Aeronautics. Institution of Electrical Engineers, Stevenage, 2. Auflage.

E. TOLA, V. LEPETIT, UND P. FUA 2010: DAISY: An Efficient Dense Descriptor Applied to Wide-Baseline Stereo. *IEEE Transactions on Pattern Analysis and Machine Intelligence*, 32: 815 – 830.

P. H. S. TORR UND D. W. MURRAY 1997: The Development and Comparison of Robust Methods for Estimating the Fundamental Matrix. *International Journal of Computer Vision*, 24: 271 – 300.

P. H. S. TORR UND A. ZISSERMAN 2000: MLESAC: A New Robust Estimator with Application to Estimating Image Geometry. *Computer Vision and Image Understanding*, 78(1): 138 – 156.

M. TSOGAS, A. POLYCHRONOPOULOS, UND A. AMDITIS 2005: Unscented Kalman Filter Design for Curvilinear Motion Models Suitable For Automotive Safety Applications. In *8th International Conference on Information Fusion*, Band 2.

UTM 1989: *The Universal Grids - Universal Transverse Mercator (UTM) and Universal Polar Stereographic (UPS); DMA Technical Manual.* Defense Mapping Agency.

M. W. WALKER, L. SHAO, UND R. A. VOLZ 1991: Estimating 3-D Location Parameters using Dual Number Quaternions. *CVGIP: Image Understanding*, 54(3): 358 – 367.

T. WEISS, N. KAEMPCHEN, UND K. DIETMAYER 2005: Precise Ego-Localization in Urban Areas using Laserscanner and High Accuracy Feature Maps. In *Proceedings of the IEEE Intelligent Vehicles Symposium 2005*, Seiten 284 – 289.

J. WENDEL 2007: *Integrierte Navigationssysteme: Sensordatenfusion, GPS und Inertiale Navigation.* Oldenbourg, München [u.a.], 1. Auflage.

M. WERLING, M. GOEBL, O. PINK, UND C. STILLER 2008: A Hardware and Software Framework for Cognitive Automobiles. In *Proceedings of the IEEE Intelligent Vehicles Symposium 2008*, Seiten 1080 – 1085. Eindhoven, Niederlande.

H. WINNER, S. HAKULI, UND G. WOLF 2009: *Handbuch Fahrerassistenzsysteme. Grundlagen, Komponenten und Systeme für aktive Sicherheit und Komfort.* Vieweg+Teubner.

R. WOLKE 1992: Iteratively Reweighted Least Squares: A Comparison of Several Single Step Algorithms for Linear Models. *BIT Numerical Mathematics*, 32: 506 – 524.

C. F. J. WU 1983: On the Convergence Properties of the EM Algorithm. *The Annals of Statistics*, 11(1): 95 – 103.

Z. ZHANG 1992: Iterative Point Matching for Registration of Free-Form Curves. Tech. Report RR-1658, Institut National de Recherche en Informatique et en Automatique (INRIA), France.